·大地测量与地球动力学丛书·

月球大地测量理论与方法

李　斐　郝卫峰　叶　茂　邓青云　王文睿　著

科学出版社

北　京

内 容 简 介

月球大地测量是大地测量学与行星科学的交叉融合，以及在月球探测任务中的实践与应用。本书在概述月球大地测量主要任务及发展历程、月球概况与形貌特征的基础上，重点论述月球时空系统、月面控制网及高程基准、月球数字地形模型、月球重力场等方面的理论、方法和实践，并聚焦与月球表面形态相关的大地测量应用，利用大地测量方法和获得的数字高程模型，对月面着陆探测中需要考虑的光照条件、通信条件、着陆点选择及路径规划进行分析和评价。

本书可作为从事月球和行星探测研究的科技工作者的参考书，也可供测绘、遥感、天文等相关专业的高年级本科生及硕士生和博士生参考阅读。

图书在版编目（CIP）数据

月球大地测量理论与方法 / 李斐等著. -- 北京：科学出版社，2025.3.
ISBN 978-7-03-081652-8

Ⅰ. P184.5

中国国家版本馆 CIP 数据核字第 2025AL8087 号

责任编辑：杜 权 刘 畅/责任校对：高 嵘
责任印制：徐晓晨/封面设计：苏 波

科 学 出 版 社 出版
北京东黄城根北街 16 号
邮政编码：100717
http://www.sciencep.com

北京中科印刷有限公司印刷
科学出版社发行 各地新华书店经销
*

开本：787×1092 1/16
2025 年 3 月第 一 版 印张：10 1/2
2025 年 3 月第一次印刷 字数：250 000
定价：**168.00 元**
（如有印装质量问题，我社负责调换）

"大地测量与地球动力学丛书" 编委会

"大地测量与地球动力学丛书"序

大地测量学是测量和描绘地球形状及其重力场并监测其变化的一门学科，属于地球科学的一个重要分支。它为人类活动提供地球空间信息，为国家经济建设、国防安全、资源开发、环境保护、减灾防灾等领域提供重要的基础信息和技术支撑，为地球科学和空间科学的研究提供基准信息和技术支撑。

大地测量学的发展历史悠久，早在公元前 3000 年，古埃及人就开始了大地测量的实践，用于解决尼罗河泛滥后的土地划分问题。随着人类对地球认识的不断深入，大地测量学也不断发展，从最初的平面测量，到后来的弧度测量、天文测量、重力测量、水准测量等，逐渐揭示了地球的形状、大小、重力场等基本特征。17 世纪以后，随着牛顿万有引力定律的提出，大地测量学进入了一个新的阶段，开始开展以地球为对象的物理研究，包括探索地球的内部结构、密度分布、自转运动等。20 世纪以来，随着空间技术、计算机技术和信息技术的飞跃发展，大地测量学又迎来了一个革命性的变化，出现了卫星大地测量、甚长基线干涉测量、电磁波测距、卫星导航定位等新技术，形成了现代大地测量学，使得大地测量的精度、效率、范围得到了前所未有的提高，同时也为地球动力学、行星学、大气学、海洋学、板块运动学和冰川学等提供了基准信息。现代大地测量学与地球科学和空间科学的多个分支相互交叉，已成为推动地球科学、空间科学和军事科学发展的前沿科学之一。

我国的大地测量学及应用有着辉煌的历史和成就。1956 年我国成立了国家测绘总局，颁布了大地测量法式和相应的细则规范。20 世纪 70~90 年代开始建立国家重力网，2000 年完成了国家似大地水准面的计算，并建立了 2000 国家大地坐标系（CGCS2000）及其坐标基准框架，为国家经济建设和大型工程建设提供了空间基准。2019 年以来，我国大地测量工作者面向国家经济发展和国防建设发展需求，顺利完成了多项有影响力的重大工程和研究工作：北斗卫星导航系统于 2021 年 7 月 31 日正式向全球用户提供定位、导航、定时（PNT）服务和国际搜救服务；历尽艰辛，综合运用多种大地测量技术，于 2020 年 12 月完成了 2020 珠峰高程测量；突破系列卫星平台和载荷关键技术，于 2021 年成功发射了我国第一组低-低跟踪重力测量卫星；于 2023 年 3 月成功发射了我国第一组低-低伴飞海洋测高卫星；初步实现了我国海底大地测量基准试验网建设，研制了成套海底信标装备，突破了海洋大地测量基准建设系列关键技术。

为了更好地推动我国大地测量学科的发展，中国科学院于 1989 年 11 月成立了动力大地测量学重点实验室，是中国科学院从事现代大地测量学、地球物理学和地球动力学交叉前沿学科研究的实验室。实验室面向国家重大战略需求，瞄准国际大地测量与地球动力学学科前沿，以地球系统动力过程为主线，利用现代大地测量技术和数值模拟方法，开展地球动力学过程的数值模拟研究，揭示地球各圈层相互作用的动力学机制；同时，发展大地测量新方法和新技术，解决国家航空航天、军事测绘、资源能源勘探开发、地质灾害监测及应急响应等方面战略需求中的重大科学问题和关键技术问题。2011 年，依托中国科学院测量与地球物理研究所（现中国科学院精密测量科学与技术创新研究院），科学技术部成立了大地测量与地球动力学国家重点实验室，标志着我国大地测量学科的研究水平和国际影响力达到了一个新的高度。围绕我国航空航天、军事国防等国民经济建设和社会发展的重大需求，大地测量与地球动力学学科领域的专家学者对重大科学和技术问题开展综合研究，取得了一系列成果。这些最新的研究成果为"大地测量与地球动力学丛书"的出版奠定了坚实的基础。

本套丛书由大地测量与地球动力学国家重点实验室组织撰写，丛书编委覆盖国内大地测量与地球动力学领域 20 余家研究单位的 30 余位资深专家及中青年科技骨干人才，能够切实反映我国大地测量和地球动力学的前沿研究成果。丛书分为重力场探测理论方法与应用，形变与地壳监测、动力学及应用，GNSS 与 InSAR 多源探测理论、方法应用，基准与海洋、极地、月球大地测量学 4 个板块；既有理论的深入探讨，又有实践的生动展示，既有国际的视野，又有国内的特色，既有基础的研究，又有应用的案例，力求做到全面、权威、前沿和实用。本套丛书面向国家重大战略需求，可以为深空、深地、深海、深测等领域的发展应用提供重要的指导作用，为国家安全、社会可持续发展和地球科学研究做出基础性、战略性、前瞻性的重大贡献，在推动学科交叉与融合、拓展学科应用领域、加速新兴分支学科发展等方面具有重要意义。

本套丛书的出版，既是为了满足广大大地测量与地球动力学工作者和相关领域的科研人员、教师、学生的学习和研究需求，也是为了展示大地测量与地球动力学的学科成果，激发读者的思考和创新。特别感谢大地测量与地球动力学国家重点实验室对本套丛书的编写和出版的大力支持和帮助，同时，也感谢所有参与本套丛书编写的作者，为本套丛书的出版提供了坚实的学术基础。由于时间仓促，编写和校对过程中难免会有一些疏漏，敬请读者批评指正，我们将不胜感激。希望本套丛书的出版，能够为我国大地测量与地球动力学的学科发展和应用贡献一份力量！

中国科学院院士

2024 年 1 月

月球是人类最先到达的地外天体，研究月球对认识宇宙的起源、地球的演化，以及将人类的视野和旅程拓展至深空，无疑有着巨大的促进作用。

自 20 世纪中叶，美国和苏联就开展了月球探测，美国的阿波罗计划实现了载人登月。21 世纪以来，越来越多的国家和机构加入月球探测的行列，越来越多的科学家团队在月球探测领域给予了更多的关注，对月球的了解也在不断地深化。

从 2007 年至今，我国已实施了 6 次探月任务，发射了 9 颗月球探测卫星，并首次在月球背面完成了探测器的软着陆和采样返回。我国是 21 世纪发射探月卫星最多的国家，已然成为探月大国。

"举头望明月"，人类对月球的认识，首先是从其形貌特征开始。无论是研究月球的外部环境或内部结构，还是获取月球的物理量或几何量，其位置信息的准确获取都显得至关重要，而这正是月球大地测量的主要任务。

1880 年德国的赫尔默特（Helmert）在其著作《大地测量学的数学和物理原理》中首次给出了大地测量学的定义，即研究和实施地球表面的坐标、地球形状及外部重力场的测定和表达的一门学科。经过理论上的不断丰富和各类新技术的应用，至今，这门学科的应用领域已得到极大的拓展，月球大地测量就是大地测量的理论与方法在月球上的应用。

然而，月球不是地球，人们对月球的认知过程与对地球的认知过程也有着很大的不同。从大地测量的基本要素来说，相较于地球，月球是一个体积和面积小得多、弱重力、自转慢、更接近球形、没有大气阻隔的星体。此外，由于月球难以到达、就位测量尚难以实施、别样的地形地貌，月球大地测量又具有其独到的特性。

就发展路径而言，地球上的大地测量，始于脚下，延伸到远方，然后发展至空间。月球大地测量的发展则恰恰相反，先是人类从地球上遥望月球，认识其轮廓与形貌，然后通过发射探测卫星获取更多的月球形状与重力场特征。由于至今人类仅有屈指可数的几次卫星软着陆和载人登月，对月球的实地大地测量还不能说真正开始。可以说，人们在测量地球之初是"脚踏实地"，而对月球开展大地测量则是始于"仰望星空"。因此，月球大地测量真正成为大地测量学的一个分支，主要得益于卫星探测技术的发展，其应用手段也主要是卫星大地测量技术的拓展。

本书的作者及团队从我国探月计划立项之初即开始跟踪月球的相关研究,在国家自然科学基金等项目的资助下,承担了多项关于月球形貌与外部重力场的研究项目,发表了300余篇相关的学术论文。为完成本书的写作,团队成员查阅了大量的文献资料,力求把握全书内容的系统性,在月球大地测量原理与方法的表达方面尽量做到简明、通俗、深入浅出,而在主要的研究成果和进展的呈现方面能够体现代表性和前沿性。

本书共7章:第1章介绍月球大地测量的主要任务及发展历程,重点阐述月球大地测量在月球探测中的作用;第2章针对月球大地测量所需的相关知识,主要介绍月球基本参数、与地球之间的相对运动、典型的地貌特征及重力场等;第3章对月球时空系统进行论述,包括常用的时间系统和坐标系统及其转换关系;第4章论述月球大地水准面与控制网,包括与月球高程基准相关的月球水准面与月球椭球的构建、高精度月面控制网点(网)的获取方法及月球正常重力场等;第5章论述月球表面地形的测定与建模,主要介绍利用多源激光测高数据和影像构建月球数字高程模型的方法和数据处理策略,以及代表性数字高程模型;第6章对月球重力场进行论述,主要介绍月球探测器精密定轨与重力场恢复原理、主要的重力场模型及国内外主流的月球卫星定轨和重力场解算软件,并介绍武汉大学自主研发的深空探测器精密定轨软件WUDOGS系统;第7章介绍关于月球大地测量的若干应用,包括应用大地测量成果分析月球的光照与通信条件以及月球南极巡视器的路径规划。

上述内容中,除了较为系统地介绍月球大地测量的有关知识和国内外主要研究进展,还对写作团队的相关研究成果予以呈现,包括月球高程基准中的月球椭球和月球三轴水准椭球的计算结果、月球正常重力场的确定与特性分析、月球激光测高数据处理的有关方法、探测器精密定轨软件WUDOGS系统的研发、月球的光照和通信条件分析,以及月球南极大型冷阱的路径规划分析等。

需要说明的是,虽然本书的书名是《月球大地测量理论与方法》,但涉及大地测量的许多基础知识并没有被写入书中,原因在于大地测量本身已是一个相对成熟的学科,许多相关知识在经典的教科书或专著中都有非常系统的介绍,有兴趣或有需求的读者可以在大地测量尤其是空间大地测量的相关教材和专著中查阅。

同时,尽管摄影测量与遥感在月球的形貌获取方面也发挥着非常重要的作用,但由于其相对于大地测量已经是一个相对独立的学科和技术,本书在这方面虽然也做了相关的介绍,但并不够充分和具体。与此类似,月球重力场除在月球大地测量中具有重要的作用外,同时也是地球物理反演月球内部结构的重要手段之一,这方面的内容,作者团队拟在另作中予以介绍。

本书的完成是整个写作团队共同努力和分工合作的结果。其中:李斐主要负责全书结构的设计、章节的确定,以及对每一章节的内容进行修改、补充完善和审定;郝卫峰承担了第5章、第7章和4.3节主要内容的撰写,以及全书的统稿工作;叶茂承担了第3章、第4章、第6章主要内容的撰写;邓青云承担了第1章和第2章主要内容的撰写;

王文睿承担了 4.2 节的撰写；研究生张文松、郑英方、张凤奇、孙雪梅、郑羽中、陈祎豪也参与了 4.2 节、5.4 节、7.3 节内容的撰写。

国家自然科学基金重点项目"月球重力场、表面形态及内部结构研究——充分顾及月球背面轨道摄动信息及多源数据的综合应用"（项目号：42030110）和中央高校基本科研业务费项目"地球空间信息技术协同创新中心"（项目号：2042022dx0002）对本书予以了有力的支持，"大地测量与地球动力学丛书"主编孙和平院士对写作团队予以了鼓励与指导，武汉大学测绘遥感信息工程全国重点实验室和中国南极测绘研究中心及南方科技大学地球与空间科学系为作者团队提供了良好的写作条件，在此向他们表达衷心的感谢！

最后，犹如人类对月球的认识还非常初浅一样，本书作者对月球大地测量的认识也不乏存在管中窥豹、挂一漏万的情况，局限、片面、疏漏之处在所难免。真诚地期待读者的建议与指正。

作　者

2024 年 8 月

目录

第 1 章

月球大地测量的主要任务及发展历程

本章首先介绍月球大地测量的定义和主要任务，在此基础上阐述月球大地测量在月球探测中的作用，最后结合月球探测任务，给出月球大地测量的发展历程。

1.1 月球大地测量的定义与主要任务

与地球类似，月球大地测量的主要任务是精确测定月球形状及其外部重力场，确立月球表面及其邻近空间点位的确切坐标，构建相应的几何（控制网、地形）与物理（重力场）模型及持续监测月球整体的动态变化。迄今为止，由于尚无法在月球表面实施直接的大规模测量工作，月球大地测量数据主要依赖绕月飞行器来获取，手段包括激光测距、卫星测高、轨道跟踪和摄影测量及遥感等。因此，空间大地测量学是月球大地测量的重要基础。

月球大地测量的主要工作包括：①建立统一的月球坐标系统及月面控制网，以精确获取月球表面及近空区域的点位坐标；②确定月球的参考椭球及水准面，对月球的大小、形状及整体或局部的形态特征进行描述；③研究月球重力场的求定方法并建立相应的重力场模型。从研究方法来说，须借助空间大地测量技术，如激光测距、卫星测高、摄影测量及遥感等技术，实现对月面几何信息与月球自身的运动变化（如地月距离和天平动等参数）的精确测定，从而构建月球坐标系和大地控制网；依据大地测量数据及影像处理的基本原理和方法，开展月面地形测绘与制图；借助月球探测器的轨道跟踪数据，通过轨道摄动量的提取，解算月球重力场及相应的大地测量参数。

1.2 月球大地测量在月球探测中的作用

通过月球大地测量建立的月球平面和高程基准及控制网，能够为月球探测任务提供准确的位置信息和导航服务，并为今后月球基地的规划、设计和建设，以及月球资源的开发利用提供不可或缺的基础性资料。

通过月球大地测量技术获得的高精度、高分辨率月球重力场模型，可以深入了解月球重力场的分布及变化特征，准确构建月球探测器运行的精确受力模型和运动方程，进而为月球探测器的轨道设计与预报，以及月球着陆器的行为控制提供关键的数据支持。

同时，月球的形貌记录了其演化的历史痕迹，而重力场则反映了月球内部结构和密度分布，通过月球大地测量获取的月球形貌和重力场特征，能够为研究月球内部结构和演化历史提供重要的几何与物理约束，如分析月球经历的撞击历史、计算月球岩石圈的弹性厚度、分析月球壳幔均衡与补偿机制、反演核幔边界状态及刻画月球内部圈层的界面与尺度等。

月球大地测量还具有重要的战略意义。月球蕴藏着丰富的矿产资源，拥有极佳的对地观测条件和广阔的太空航道，且由于其特殊的地理位置，可以作为连接地球和太空的天然卫星中继站，是俯视地球的战略制高点。因此，开展月球大地测量，精确测定月球相对于地球的运动规律，构建参考框架并精化月球重力场模型，对绕月卫星、导弹以及其他空间探测器的发射、制导、跟踪及返回等关键任务具有至关重要的保障作用。

总之，月球大地测量是进行月球探测的重要基础，是了解和认识月球的结构及演化的重要信息来源，也是深入研究地月系统并走向外太空所必不可少的技术支撑。

1.3　月球大地测量的发展历程

月球大地测量的发展与人类对月球的观测过程相生相伴，其实质性发展则与空间科学技术的进步和月球探测任务的实施紧密相关。因此，人类对月球的认知和探测大致可分为三个阶段，即空间技术兴起之前的地月观测阶段、20 世纪 50 年代末至 70 年代"冷战时期"的美苏空间竞争阶段、90 年代至今的重返月球阶段。

1.3.1　地月观测阶段

在借助空间飞行器对月球进行探测之前，早期的天文学家在地球上通过日积月累的观测，对月球的形貌轮廓和运行规律进行了初步的了解并予以了各式的描述。古代天文学家依据月球的升降与月相盈亏，对月球的运动周期、几何形态等基本信息有了初步的了解。公元前 6 世纪，毕达哥拉斯（Pythagoras）就发现月球是一个自身并不发光，而是反射太阳光的球体，月相是由在地球上能看到的被照亮的月球半球所决定的（Needham，1986）。大约公元前 5 世纪，古巴比伦天文学家已经观测到了月食的周期约为 18 年，这也就是月球的岁差（precession）周期（Aaboe et al.，1991）。在同一时期，古希腊科学家阿那克萨戈拉（Anaxagoras）认为，月球和太阳都是岩石构成的星球，并且月球反射了太阳的光（Curd，2007）。公元前 4 世纪，我国天文学家石申依据月相周期，建立了一套预测日食和月食的公式（Needham，1986）。公元前 2 世纪，古希腊科学家塞琉古（Seleucia）发现了潮汐周期和月相之间的紧密联系，并提出了月球是引发地球潮汐的主要因素的观点（van der Waerden，1987）。在同一时期，古希腊另一位科学家阿利斯塔克斯（Aristarkhos）计算出月球大小和与地球的距离，认为地月距离约为地球半径的 20 倍（Evans，1998）。欧洲古代学者托勒密（Ptolemaeus）进一步更正了这一数值，得出地月的平均距离约为地球半径的 58 倍，而月球的直径约为地球平均直径的 0.29，这与现今所计算得出的 60 倍和 0.273 非常接近（Evans，1998）。

波斯天文学家哈巴什·哈西卜·马尔瓦齐（Habash AL-Hasib AL-Marwazi）于 825～835 年在巴格达的沙米西耶（Al-Shammisiyyah）天文台进行了天文观测，估计出月球的直径为 3037 km（半径为 1519 km），与地球的距离为 346 345 km（Langermann，1985）。阿尔哈岑（Alhazen）在 11 世纪对月光进行了实验和观测研究，认为月光是由"月球自身光"和月球吸收和反射太阳光组成的（Al-Haytham and Al-Hasan，2008）。

1609 年，望远镜的发明为天文学研究开辟了新的领域，意大利科学家伽利略（Galileo）使用望远镜观测了月球。伽利略在《星际信使》书稿中详细记录了对月球观测的结果，月球表面存在一系列环形地貌，即现今所称的"环形山"，并基于当时的科学知识，提出这些环形山可能是由月球上火山活动所形成的假设。

实际上，与伽利略同时代的英国人哈里奥特（Harriot）是首次使用望远镜观察月球的人（先于伽利略 4 个多月）。起初，哈里奥特对月球的观测只包含粗略的草图，直到伽利略成功吸引公众的目光之后才发表自己的成果。1610 年，他利用望远镜观察到的信息制作了一幅月表地图，描绘了月球上主要的"海洋"、环形山、山脉，甚至还有直到今天人们才能通过望远镜识别的月面明亮辐射纹结构。

荷兰天文学家范·朗格伦（van Langren）是第一位精细测量月球并制作出较为实用的月球地图并命名了大量地形特征的学者。通过观察整个月相周期（不仅月食期间）内月球地形特征的出现和消失，将不同地区的时间差异和经度相互关联，提高了位置估计的准确度。朗格伦在其绘制的地图《满月——敬尊奥地利的菲利普之名》（Plenilunii lumina Austriaca Philippica）之中，对 325 个月球地形特征进行了命名。

17 世纪，当人们通过望远镜观察月球时就发现，它的地形表面特征总是清晰可见，这说明月球没有大气层。英国天文学家霍罗克斯（Horrocks）在 1637 年对"月掩昴星团"（月球从位于金牛座的疏散星团前面穿过）这一天象进行了观测，发现随着月球陆续遮掩住一个个恒星，每颗恒星的光都是瞬间消失，而不是逐渐地变暗再消失。恒星被遮住时没有亮度渐变，说明恒星的光没有穿过一个可察觉的大气层，也就是说，月球没有明显的大气层。

此后，波兰天文学家赫维留斯（Hevelius）于 1642～1645 年对月球的表面地形进行了观测，在 1647 年发表了观测结果《月面图》（Selenographia），其中包含三幅完整的月球地图及 40 种不同月相的月球版画，赫维留斯因此也被称为"月球地形研究的创始人"。德国天文学家施罗特（Schröter）致力于观测月球大气或表面真实发生的变化，使用 12～48.9 cm 不同口径的望远镜详细绘制了一些特定的地形特征图；1791 年，他发表了自己的重要著作《月球表面特定区域的精细地形图》的第一卷，1802 年又发表了后续一卷

（Whitaker，2003）。

第一幅真正意义的现代月面图是由德国专业测量员和制图师罗尔曼（Lohrmann）所绘制的，使用一架 12 cm 口径的折射镜进行观测，制作了一幅直径约为 96 cm 的月球地图。此后，比尔（Beer）和马德勒（Mädler）在 1837 年发表了《月球》（Der Mond），包括了使用 9.5 cm 折射镜创作的直径 96 cm 的四等分月面地图（Ashbrook，1984）。

20 世纪以来，随着摄影技术的发展，探索月球的科学形式和方向也开始发生转变。早期摄影灵敏度不足，无法捕捉暗弱或者移动的天体。1839 年，德雷伯（Draper）拍摄并处理得到了第一幅清晰的月球照片。1858～1862 年，德拉鲁（de la Rue）用反射望远镜拍摄了月球的立体影像。第一部系统性的高分辨率月球摄影地图集诞生于 20 世纪 50 年代，由行星科学家柯伊伯（Kuiper）制作完成。他在 1960 年发表了《月球摄影地图集》（Lunar Atlas）。这部地图集成为太空时代来临之前的标准地图，直到数字成像技术问世之前都无可匹敌，至今仍有重要的参考价值。

1.3.2 美苏空间竞争阶段

20 世纪 50 年代末，随着空间技术的不断发展，美国与苏联在太空领域展开激烈竞争，两国相继开展了一系列月球探测计划。据统计，在 1958～1976 年的这段时间内，两国共发射了超过一百颗各类月球航天探测器。

苏联开展了两个重要的探月项目：Zond 系列任务和 Luna 系列任务。其中，Zond-3 号探测器于 1965 年成功传回了历史上第一张月球背面的影像（图 1.1）。随后，Zond-6 号探测器于 1968 年获取了月球正面和背面的全景影像，月球正面全景影像如图 1.2 所示。1970 年，Zond-8 号探测器则对地月进行了黑白和彩色摄影（图 1.3）。Luna 项目始于 1959 年，并持续至 1976 年 Luna-24 号的发射，前后历时近 20 年。在这个过程中，Luna 系列探测器也成功获取了大量的月球影像数据。值得一提的是，Luna-10 的轨道跟踪数据还被用于解算月球重力场（Akim，1966）。

图 1.1 苏联探测器 Zond-3 号拍摄的月球背面影像

轨道高度约为 10 000 km

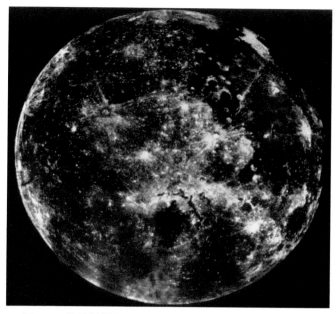

图 1.2　苏联探测器 Zond-6 号拍摄的月球正面全景影像

图 1.3　苏联探测器 Zond-8 号拍摄的"地出"影像

"地出"（earthset）与"日出"（sunset）对应，代表地球从月球地平线升起的过程

　　与此同时，美国在这一阶段成功实施了三大月球探测计划，即 Ranger 系列探测计划、Surveyor 系列探测计划与 Orbiter 系列探测计划。这些无人探测计划获取了丰富的月球影像数据。值得注意的是，自 Orbiter 探测任务起，轨道跟踪数据开始被应用于月球重力场的解析。正是在这一时期，科学家发现了月球上可能存在的"质量瘤"（mascon）结构。根据 Orbiter 1～5 号飞行器及阿波罗（Apollo）子卫星所收集的跟踪数据，科学家解算得到了月球重力场模型（图 1.4），其最高阶数达到了 16 阶（Bills and Ferrari，1980）。

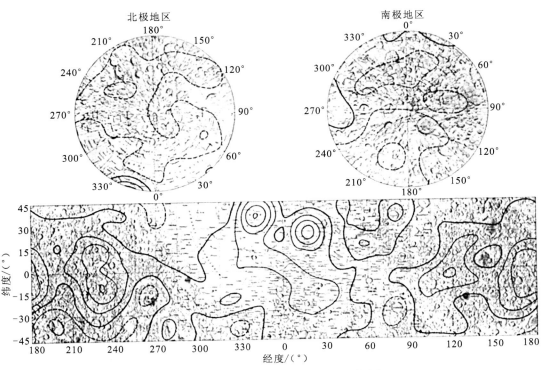

图 1.4　早期月球重力场模型揭示的质量瘤

引自 Bills 和 Ferrari（1980）

1969～1972 年，Apollo 计划成功实施了 6 次登月任务，积累了丰富的月球数据，涵盖影像、月震、激光测距及重力场测量等多个方面。在 Apollo 11 号、Apollo 12 号与 Apollo 14 号任务中，宇航员通过携带的脉冲积分摆式加速度计（pulsed integrating pendulous accelerometer，PIPA）在登陆舱内测量了月球表面重力值（Nance et al.，1971a，1971b，1969）。Apollo 17 号任务特别设计了两个月球重力测量模块，分别为月面重力测量仪（lunar surface gravimeter，LSG）模块和摆动式重力仪实验（traverse gravimeter experiment，TGE）模块（Giganti et al.，1977）。尽管 LSG 无法在月球环境下调平而未获得有效的重力测量读数，成为 Apollo 17 号任务中唯一失败的月球表面实验，但 TGE 所采用的振弦加速度计（vibrating string accelerometer，VSA）获取了一条导线上的观测数据（Talwani et al.，1973）。

Apollo 载人登月项目对月球大地测量的最大贡献在于在月球表面布设了激光反射器阵列，为月球激光测距（lunar laser ranging，LLR）的实施提供了基础。1969 年，Apollo 11 号探测任务首次将月球激光反射器安装至月球表面，随后，Apollo 14 号、15 号探测任务及苏联的 Luna-17 号、Luna-21 号探测器于 1973 年共同完成了另外 4 枚后向反射器的布设工作，反射器装置如图 1.5 所示。月球表面激光反射器的设置及后期的激光测月活动，为月球大地测量的开展尤其是月球表面控制网的构建奠定了重要基础（Williams et al.，2006）。

图 1.5　Apollo 计划布设的月球表面激光反射器示意图

LLR 技术的原理是通过地面观测站向月球表面反射器发射激光并接收其回波反射信号，实现对地月距离的高精度测量。利用所获取的测距数据，能够解算诸多月球参数，包括反射器坐标、月球质心位置、速度、天平动及潮汐勒夫数等。LLR 所能解算的参数精度会受到多种因素的影响，如观测条件、仪器精度、固体潮、大气状况及极移等。在实际应用中，LLR 数据通常以标准点数据包进行整理，每个标准点数据包通常包含在 10～20 min 接收到的多个回波光子的平均测距结果，标准点精度 e' 和单个光子测距精度 e 之间的关系可以通过数学公式表示为 $e'=e/\sqrt{N}$，其中 N 表示在标准点观测时间内接收到的回波光子数。LLR 数据的最终精度不仅取决于单个光子的不确定度，还与观测时间内接收到的回波光子数密切相关。

在激光测月技术初始阶段，标准点的距离精度约为 30 cm。目前，LLR 的单次测距精度已提升至 1～2 cm，标准点精度已达 2～3 mm（华阳和黄乘利，2012）。这些高精度的反射器月心坐标，不仅可作为月球表面测绘控制网的强约束控制点，也可以为月球轨道飞行器中卫星测高和影像数据提供高精度参考。LLR 技术提供了一种高精度、多参数的月球探测手段，有助于深化对月球及其环境的认识。

1.3.3　重返月球阶段

冷战结束后，1989 年，时任美国总统布什（Bush）在纪念 Apollo 登月 20 周年大会上宣布要重返月球；2004 年，我国开启了"嫦娥"探月系列工程，由此掀起了新一轮的探月热潮。

1994 年，美国成功发射了克莱门汀（Clementine）号月球探测器。Clementine 探测器不仅搭载了 5 个不同的影像系统，包括可见光相机、近红外相机、长波红外相机、宽频高分辨率相机和对星空相机，还特地配置了激光测高仪，以精确测绘月球表面地形，图 1.6 为 Clementine 探测器获取的整个月球的全球地形图（Smith et al.，1997）。

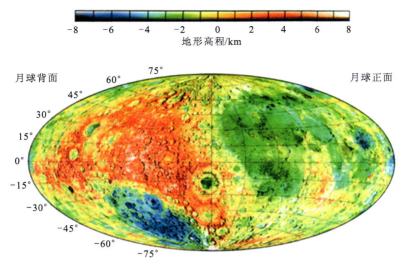

图 1.6 Clementine 探测器获取的全月地形图

Clementine 探测器采用极轨大偏心率轨道，改善了跟踪数据在月球表面的覆盖情况，在重力场精化方面取得了显著成果。基于 Clementine 探测器的重力场模型 GLGM-2 可最高解算至 70 阶次（Lemonie et al.，1997），深化了对月球内部结构的认识，揭示了月球的全球均衡补偿状态。

在 Clementine 任务之后，美国于 1998 年成功发射了月球勘探者（lunar prospector，LP）探测器，其主要任务是精确测量月球的磁场和重力场，因此，它对月球大地测量的贡献主要体现在对月球重力场模型的优化与提升上。LP 探测器是一颗采用自旋稳定技术的自由飞行小卫星，其轨道控制调整的频率为每 2～3 月一次。由于 LP 探测器飞行稳定，且轨道高度较低，跟踪数据在月球表面分布得较为均匀，所以利用 LP 探测器的多普勒跟踪数据和历史跟踪数据构建了更高阶次的重力场模型，通过 LP 探测器任务计算得到的月球重力场模型最高可达 165 阶（Konopliv et al.，2001）。在当时，LP 系列重力场模型已经是最佳的月球重力场模型。

进入 21 世纪以来，多项探测任务在月球大地测量领域作出了显著贡献，其中包括我国的"嫦娥"系列任务、日本的"月亮女神"（selenological and engineering explorer，SELENE/Kaguya）任务、美国的月球勘测轨道飞行器（lunar reconnaissance orbiter，LRO）和重力恢复及内部结构实验室（gravity recovery and interior laboratory，GRAIL）探测器任务。我国的嫦娥一号卫星探测器搭载了激光高度计，解算得到了当时精度最高、分辨率最佳的地形模型 CLTM-s01（Ping et al.，2009）。2010 年，我国嫦娥二号卫星上搭载的 CCD 立体相机，成功获取了覆盖全月的 7 m 分辨率立体影像。此外，通过对嫦娥探测器轨道跟踪数据的利用，还成功改进了之前月球重力场模型的低阶项。

日本 SELENE 任务采用了高低跟踪模式和同波束甚长基线干涉测量（very long baseline interferometry，VLBI）技术，标志着空间大地测量技术在月球探测领域取得了实质性的进展。SELENE 探测器搭载的激光高度计（laser altimeter，LALT）成功获取了超过 1000 万个有效激光高度点数据，最终获取的月球数字地形模型分辨率为 0.25°（约 7.5 km）

（Araki et al.，2008）。SELENE 任务所发布的重力场模型包含了月球背面信息，是人类首次对月球背面重力信息的直接探测。

此后，美国发射的月球勘测轨道飞行器（LRO）和月球陨坑观测和遥感卫星（lunar crater observation and sensing satellite，LCROSS）于 2009 年 6 月 18 日进入轨道，获得了迄今为止最高分辨率的影像及月球数字地形模型。LRO 卫星上搭载的月球轨道激光高度计（lunar orbiter laser altimeter，LOLA）截至目前已获取约 70 亿个有效高程数据点，携带的广角照相机（wide-angle camera，WAC）获取的影像分辨率为 100 m，窄角照相机（narrow-angle camera，NAC）获取的影像数据分辨率为 0.5 m，但未实现覆盖全球（Zuber et al.，2010）。基于 LOLA 数据并结合 SELENE 立体影像制作的月球数字高程模型 SLDEM2015（Barker et al.，2016），在赤道平面分辨率可达到 60 m，垂直精度为 3～4 m。2011 年，美国又发射了重力恢复及内部结构实验室（GRAIL）探测器，GRAIL 探测器采用了精度更高的低轨卫-卫跟踪模式，类似于地球上的 GRACE 重力卫星，被认为是获取卫星轨道摄动量的最佳模式。GRAIL 任务最终获取了全月高达 1500 阶的月球重力场模型，极大程度地推动了对月球外部重力场的认知（Park et al.，2015）。

表 1.1 和表 1.2 分别总结了具有"首次"意义的月球探测任务和第二次探月高潮以来实施的月球探测任务。

表 1.1　具有"首次"意义的月球探测任务

航天器名称	发射时间	国家	主要成就
Luna-1	1959 年 1 月	苏联	首次近月飞行卫星
Luna-2	1959 年 9 月	苏联	首颗月球表面硬着陆卫星
Luna-9	1966 年 2 月	苏联	首颗月球表面软着陆卫星
Luna-10	1966 年 4 月	苏联	首次环月轨道飞行
Zond-5	1968 年 11 月	苏联	首次返回地球的航天器
Apollo 8	1968 年 12 月	美国	首次载人环月飞行
Apollo 11	1969 年 7 月	美国	首次载人登月，首次布设月震仪，首次布设激光反射器，首次使用加速度计测量月球重力加速度，首次月球采样，首次月球正面采样
Apollo 15	1971 年 7 月	美国	首次运行月球车
月亮女神号（SELENE/Kaguya）	2007 年 9 月	日本	首次采用背面中继模式进行高-低轨卫-卫跟踪
重力恢复及内部结构实验室（GRAIL）	2011 年 9 月	美国	首次采用低轨卫-卫跟踪模式
嫦娥三号	2013 年 12 月	中国	首次直接探测 30 m 深度内月壤层的结构与厚度
嫦娥四号	2018 年 12 月	中国	首次实现月球背面软着陆和巡视勘察，首次在月球的高纬度极地着陆，首次实现月球背面着陆探测器与地球的中继通信
嫦娥六号	2024 年 5 月	中国	首次从月球背面采集月壤样本并将其带回地球

表 1.2 重返月球阶段至今实施的月球探测任务

探测计划名称	发射时间	国家	主要任务	执行情况
飞天号 (Celestial Maiden)	1990 年 5 月	日本	日本第一颗环绕月球的人造卫星，搭载了慕尼黑星尘计数器捕获星尘粒子，释放羽衣号小探测器	未能进入正确轨道，1993 年 4 月撞击于月球表面
克莱门汀 (Clementine) 号	1994 年 1 月	美国	获取月球多波段影像以了解月球表面矿物分布，并取得 60°N～60°S 的高精信息及月球正面重力场	原计划对近地小行星 1620 进行观测，但仪器损坏未能执行
风号 (Wind)	1994 年 12 月	美国	最初任务是在 L1 拉格朗日点绕日运行，之后研究目标更为研究磁层和近月环境	正常运行时间为 1994 年 12 月 1～27 日
月球勘探者 (Lunar Prospector)	1998 年 1 月	美国	对月球表面物质组成、南北极可能的水沉积、月球磁场与重力场进行研究	1999 年 7 月，撞击靠近月球南极点的撞击坑而结束任务
希望号 (日语：のぞみ) 探测器	1998 年 11 月	日本	两度环绕月球，并拍摄月球背面图像，使日本成为继苏联之后第 3 个能拍摄月球背面照片的国家	原计划前往火星，但是燃料阀门故障导致轨道转移失败
威尔金森微波各向异性探测器 (Wilkinson microwave anisotropy probe, WMAP)	2001 年 7 月	美国	测量宇宙微波背景辐射中温度的微小起伏，宇宙的几何特性、物质组成及演化，并验证大爆炸模型与宇宙暴胀理论	仍在围绕日-地系统的 L2 点运行，距离地球 1.5×10^6 km
先进技术研究的小型任务 (small missions for advanced research in technology, SMART-1)	2003 年 9 月	欧洲空间局	是欧洲第一个飞向月球的太空飞船；测试新的太空飞行技术与太阳能离子推进器	成功运行，后于 2006 年 9 月成功撞击月球表面
月亮女神 (SELENE/Kaguya)	2007 年 9 月	日本	搭载了 14 台观测设备，主要用来探测月球的地形、元素分布和重力，并寻找月球岩浆洋存在的证据，首次采用背面中继模式进行高轨卫-低轨卫-卫跟踪	运行过程中释放了 2 颗子卫星，2009 年 6 月结束任务，主体坠落于月球表面
嫦娥一号	2007 年 10 月	中国	中国的首颗月球探测器：获取月球表面的立体影像，分析月球表面元素含量和物质类型，探测月壤厚度和近月空间环境	运行约 1 年零 3 个月后，于 2009 年 3 月 1 日撞击月球表面
月船 1 号 (Chandrayaan-1)	2008 年 10 月	印度	极区矿物与化学影像，月球表层和地下冰态水，月球高地的岩石化学成分，月球表面撞击地质成分，推测月球的起源和发展历史	印度的首颗绕月人造卫星，2009 年 8 月通信中断

探测计划名称	发射时间	国家	主要任务	执行情况
月球勘测轨道飞行器（LRO）	2009年6月	美国	开展全月球表面地形测量，包括对月球极地永久阴影区等可能保存水冰的区域开展高分辨率测绘	至今仍在轨飞行
嫦娥二号	2010年10月	中国	在国际上首次实现从月球轨道飞进日地拉格朗日L2点的科学探测，开展对地球磁尾离子能谱、太阳耀斑爆发和宇宙伽马爆的科学探测；2012年，嫦娥二号与小行星4179（Toutatis）交会并拍摄影像，完成了小行星4179首次近距离光学探测	完成小行星探测任务后，变轨至绕太阳系飞行；2014年，下行信号逐渐消失
重力恢复及内部结构实验室（GRAIL）	2011年9月	美国	精确探测月球的重力场，由两个小型探测器构成低轨卫星眼踪模式	实际在轨周期为12个月，获取了大量高精度轨道摄动数据，2012年12月撞击月球表面
月球大气与粉尘环境探测器（lunar atmosphere and dust environment explorer, LADEE）	2013年9月	美国	探测月球大气层的散逸层和周围的尘埃，搭载尘埃探测器、中性质谱仪、紫外线-可见光光谱仪	2014年撞毁于月球表面，结束任务
嫦娥三号	2013年12月	中国	突破月面软着陆、月球表面巡视观察、深空测控通信与遥操作、深空探测运载火箭发射等关键技术。开展月球表面形貌、地质构造、物质成分、地球等离子体探测和月基光学天文观测	携带月球车"玉兔号"，着陆于月球雨海西北部，是继1976年苏联的月球24号后首个在月球表面软着陆的探测器
嫦娥五号再入返回飞行试验器	2014年10月	中国	主要承担绕月球技术入返回地球技术的实践验证等任务	发射3天后终月并返回地球。成功实现从月球轨道重返地面航天器
鹊桥号中继卫星	2018年5月	中国	服务嫦娥4号的地月间通信中继卫星，世界上首颗运行于地月拉格朗日L2点的通信卫星；搭载了龙江一号和龙江二号探测器	2018年实施近月制动进入月球至地月拉格朗日L2点转移轨道；随后进入环绕地月拉格朗日L2点的晕轨道；已持续运行超过5年
嫦娥四号	2018年12月	中国	月球背面软着陆，开展月球背面低频射电天文观测，巡视区地貌、矿物组分及月表浅层结构探测与研究、月球背面中子辐射剂量、中性原子探测	实现人类首次月球背面高纬度极地软着陆和巡视勘察，也是人类首次实现月球背面着陆探测器与地球的中继通信，并通过鹊桥中继星专门回世界第一张近距离拍摄的月背影像图
创世纪号	2019年2月	以色列	使以色列成为第7个完成绕月任务的国家	探测器在下降过程中引擎故障并失联，最后坠毁于月球表面

探测计划名称	发射时间	国家	主要任务	执行情况
月船 2 号 (Chandrayaan-2)	2019 年 7 月	印度	验证月球表面软着陆与月球车操控技术。科学目标包括研究月球地形、矿物学、元素丰度、月球大气层及表基和月球水冰的特征	着陆失败，轨道器仍在运行
嫦娥五号	2020 年 12 月	中国	执行中国首次地外天体样本返回任务	携带 1731 g 月球样品返回地球
赏月号	2022 年 12 月	韩国	探索月球的水资源、铀、氦-3、硅和铝，并绘制地形图来帮助选择未来的月球着陆点	韩国的首个月球轨道探测器，使韩国成为第 8 个完成探月月球的国家
阿耳忒弥斯 1 号 (Artemis 1)	2022 年 11 月	美国	美国阿耳忒弥斯计划的无载人试验飞行	在月球轨道中停留约 3 周后返回地球
白兔-R1 号登月舱 (Hakuto-R M1)	2022 年 4 月	日本	携带 7 个有效载荷，开展着陆月球探测	着陆前与地面失去联系，任务失败
月船 3 号 (Chandrayaan-3)	2023 年 7 月	印度	成功软着陆，使印度成为第 4 个将探测器软着陆在月球表面的国家，也是首个成功将登陆器降落月球南极附近的国家	登陆器和月球车完成两周的实验任务后进入休眠，未能如期再度唤醒
月球 25 号	2023 年 8 月	俄罗斯	验证月球极区软着陆技术和开展月球南极地质研究，着陆器搭载有中子-伽马频谱仪、离子和中性粒子分析仪、激光电离谱仪、月球红外光谱仪等载荷	因失控坠毁在月球表面
小型月球探测器 (smart lander for investigating moon，SLIM)	2023 年 9 月	日本	验证精确着陆技术，成功登陆月球，使日本成为第 5 个在月球软着陆的国家	巡游车成功释放部署后，由于太阳能发电板太能正常工作，最终登陆器进入月夜时与地球失联
游隼号 (Peregrine)	2024 年 1 月	美国	完成月面软着陆	与火箭分离后发生推进剂泄漏问题，无法完成软着陆，预计任务目标，在轨道运行 6 天后，太空船返回地球并在大气层中烧毁
Nova-C	2024 年 2 月	美国	NASA 阿尔忒弥斯计划的一部分，搭载了小型有效载荷以探索和测试各种新技术，并分析月球的一些自然资源	成功发射并软着陆于月球，是私营公司首次成功实现月球软着陆
鹊桥二号	2024 年 3 月	中国	用于在月球背面着陆的探测器通过向地面站传输数据。为中国探月四期工程执行月球背采集月球样品采集任务提供中继星平台	顺利进入环月轨道飞行
嫦娥六号	2024 年 5 月	中国	首次实现人类从月球背面采集月壤样本并将其带回地球	任务持续约 53 天。返回器携带月球背面共计 1935.3 g 的月壤样本返回地面

参 考 文 献

欧阳自远, 2005. 月球科学概论. 北京: 中国宇航出版社.

华阳, 黄乘利, 2012. 月球激光测距观测与研究进展. 天文学进展, 30(3): 378-393.

Aaboe A, Britton J P, Henderson J A, et al., 1991. Saros cycle dates and related Babylonian astronomical texts. Transactions of the American Philosophical Society(American Philosophical Society), 81(6): 1.

Akim E L, 1966. Determination of the gravitational field of the Moon from the motion of the artificial lunar satellite lunar-10. Doklady Akademii Nauk SSSR, 170: 799-802.

Al-Haytham, Al-Hasan, 2008. Dictionary of scientific biography. Detroit: Charles Scribner's Sons.

Araki H, Tazawa S, Noda H, et al., 2008. Observation of the lunar topography by the laser altimeter LALT on board Japanese lunar explorer SELENE. Advances in Space Research, 42(2): 317-322.

Ashbrook J, 1984. The astronomical scrapbook. Massachusetts: Sky Publishing Corp.

Barker M K, Mazarico E, Neumann G A, et al., 2016. A new lunar digital elevation model from the Lunar Orbiter Laser Altimeter and SELENE Terrain Camera. Icarus, 273: 346-355.

Bills B G, Ferrari A J, 1980. A harmonic analysis of lunar gravity. Journal of Geophysical Research: Solid Earth, 85(B2): 1013-1025.

Curd P. 2007. Anaxagoras of Clazomenae. Toronto: University of Toronto Press, Scholarly Publishing Division.

Evans J, 1998. The history and practice of ancient astronomy. Oxford: Oxford University Press.

Giganti J, Larson J V, Richard J P, et al., 1977. Lunar surface gravimeter experiment. Final report to National Aeronautics and Space Administration.

Konopliv A S, Asmar S W, Carranza E, et al., 2001. Recent gravity models as a result of the Lunar Prospector mission. Icarus, 150(1): 1-18.

Langermann Y T, 1985. The book of bodies and distances of Habash al-Hāsīb. Centaurus, 28(2): 108-128.

Lemonie F G R, Smith D E, Zuber M T, et al., 1997. A 70th degree lunar gravity model (GLGM-2) from Clementine and other tracking data. Journal of Geophysical Research: Planets, 102(E7), 16339-16359.

Nance R L, 1971a. Gravity measured at the Apollo 12 landing site. Physics of the Earth and Planetary Interiors, 4(3): 193-196.

Nance R L, 1971b. Gravity measured at the Apollo 14 lading site. Science, 174(4013): 1022-1023.

Nance R L, 1969. Gravity: First measurement on the lunar surface. Science, 166(3903): 384-385.

Needham J, 1986. Science and civilization in China, Mathematics and the sciences of the heavens and earth. Taipei: Caves Books.

Park R S, Konopliv A S, Yuan D N, et al., 2015. A high-resolution spherical harmonic degree 1500 lunar gravity field from the GRAIL mission. San Francisco: AGU Fall meeting.

Ping J S, Huang Q, Yan J G, et al., 2009. Lunar topographic model CLTM-s01 from Chang'E-1 laser altimeter. Science in China Series G: Physics, Mechanics and Astronomy, 52(7): 1105-1114.

Smith D E, Zuber M T, Neumann G A, et al., 1997. Topography of the Moon from the Clementine lidar. Journal of Geophysical Research: Planets, 102(E1): 1591-1611.

Talwani M G, Thompson B, Dent H-G, et al., 1973. Traverse gravimeter experiment. Apollo 17 Preliminary Science Report.

Van der Waerden B L, 1987. The heliocentric system in Greek, Persian and Hindu astronomy. Annals of the New York Academy of Sciences, 500(1): 525-545.

Whitaker E A, 2003. Mapping and naming the moon: A history of lunar cartography and nomenclature. Cambridge: Cambridge University Press.

Williams J G, Turyshev S G, Boggs D H, et al., 2006. Lunar laser ranging science: Gravitational physics and lunar interior and geodesy. Advances in Space Research, 37(1): 67-71.

Zuber M T, Smith D E, Zellar R S, et al., 2010. The lunar reconnaissance orbiter laser ranging investigation. Space Science Reviews, 150: 63-80.

月球概况与形貌特征

本章介绍月球的基本概况，主要归纳与月球大地测量相关的主要参数、月球与地球之间的相互关系及月球的主要特征等。

2.1 月球基本参数

月球平均半径为 1737.4 km，是地球平均半径的 27%。月球的质量为 7.35×10^{22} kg，是地球质量的 1/81。月球的平均密度约为 3.34 kg/m³，是太阳系内按密度大小排序居第二位的卫星，仅次于木卫一；月球表面的平均重力加速度为 1.622 m/s²；月球的平均反照率为 0.113~0.163（Warell，2004）；月球的自转角速度为 2.6616×10^{-6} rad/s（月球公转与自转周期一致，因此自转角速度与公转角速度相同）。

月球不是一个标准的球体，它的扁率约为 0.0012。使用最新的重力场与地形模型拟合得到的月球三轴椭球的轴半径分别为 $a = 1737.4609$ km、$b = 1737.2076$ km、$c = 1736.7877$ km（李蓉 等，2016）。月球的形状中心和质量中心在月固坐标系下的偏差为（−1.777，−0.730，0.237）km。月球上的最大高差达 19 921 m，最深处位于安东尼亚第（Antoniadi）坑（187.52°E，70.36°S），相对于参考半径 1737.4 km 的高程为−9129 m；最高处位于恩格尔伽特（Engelhardt）坑（201.37°E，5.341°N），相对于参考半径 1737.4 km 的高程为 10 792 m（Smith et al.，2017）。月球和地球主要参数的对比如表 2.1 所示。

表 2.1　月球主要参数及与地球对比

主要参数	地球	月球	月/地数值之比/%
质量/kg	5.972×10^{24}	7.35×10^{22}	1.23
平均半径/km	6371	1737.4	27.27
平均密度/（kg/m³）	5517	3346	60.65
表面重力加速度/（m/s²）	9.81	1.622	16.53
公转角速度/（rad/s）	1.9913×10^{-7}	2.6616×10^{-6}	1336
自转角速度/（rad/s）	7.2685×10^{-5}	2.6616×10^{-6}	3.66
扁率	0.0033	0.0012	36.36
最大高差/km	19.87 km	19.921 km	100.26

2.2　月球与地球之间的相对运动

　　月球是距地球最近的天体，是地球唯一的天然卫星，与地球有着千丝万缕的联系。月球绕地球的轨道是一个近乎圆形的椭圆，半长轴为 384 400 km，半短轴为 383 800 km。月球到地球的平均距离为 385 000 km，相当于约 60 个地球半径；其轨道近地点和远地点到地球地心最大距离分别为 362 600 km 和 405 400 km。有研究表明，由于地月之间角动量转移，月球和地球靠近月球一侧隆起的重力耦合对地球产生了一个扭矩，使地球自转角动量减小，转动动能减小。反过来，角动量被添加到月球轨道，使月球加速，也使月球升到更高和轨道周期更长的轨道。结果是月球和地球的距离增加，地球的自转减缓，月球在以每年 38 mm 的速度远离地球。

　　月球绕行地球的公转周期约为 27.3 天。地球和月球组成的地月系统围绕其质心（地月系统的质量中心）轨道运行，质心距离地球中心约 4670 km。月球绕行地球的轨道面（白道面）相对于地球的公转轨道面（黄道面）倾斜角为 5.14°，由于地球自转轴并不垂直于黄道面，存在 23.44° 的交角，因此，月球的白道面相对于地球赤道面的夹角在 18.30°～28.58° 变化。地-月运行图及轨道面之间的关系如图 2.1 所示。

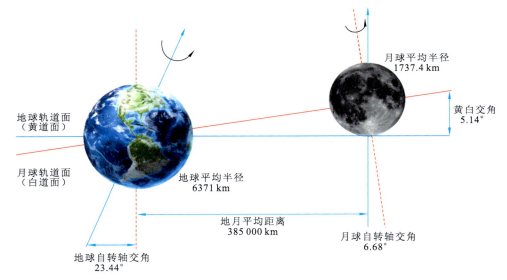

图 2.1　地-月运行图及轨道面之间的关系

　　月球的自转和公转周期之间是相互潮汐锁定的，因此无论从地球的何处观察月球，始终只能见到月球的同一面，通常称之为月球正面或近月面。直到 1959 年，苏联航天器月球 3 号传送回来的照片才使得人类看见月球背面。

　　由于月球实际摆动形成的天平动，从地面观察月球，可以看见月球总表面的约 59%。因月球运动和自转轴指向而造成的天平动，称为光学天平动或几何天平动；因月球实际摆动形成的天平动则称为物理天平动。月球的几何天平动使观测者能在地球上多看见月球赤道的东西侧约 30 km 的区域。

物理天平动是由于月球的三条主惯性轴长度不等，加上椭圆轨道造成的距离改变，在地球引力作用下，自转轴平均位置发生偏移。物理天平动比几何天平动小得多，它的摆动从未曾大于 0.04°，所以一般都忽略不予考虑。此外，月球上的月震也会使月球产生轻微的摆动。

月球表面分布了众多不同尺度的撞击坑，反映了月球作为地球的卫士曾经为地球阻挡了大量来自外太空的陨石的撞击。作为月球表面形貌的重要特征，撞击坑的分布及形态尺寸也是月球大地测量的研究内容之一。月球表面直径大于 1 km 的撞击坑约为 132 万个（Wang et al.，2021）。

月球围绕地球的旋转和万有引力作用，是地球上潮汐现象的主要驱动力。面对月球一侧（夜晚半球），所受的月球引力方向垂直地面向上；在背对月球一侧（白天半球），所受的月球引力方向垂直地面向下。太阳的引力也会对地球海潮产生影响，其影响量级大约是月球的一半。月球与太阳对地球的引力及三者之间相对位置的变化，导致不同周期的潮汐产生，包括大潮和小潮。与之对应，地球、太阳及其他天体的引力变化也会引起月球的潮汐，由于月球没有海洋与大气，这一潮汐作用表现为月球的固体潮（方俊，1984）。

2.3 月球地貌主要特征

早期的观测揭示了月球地貌最显著的两分性特征，即正面月海区域与背面高地，而近期则有研究认为，南极-艾特肯（South Pole-Aitken，SPA）盆地代表了月球整体性质的第三个端元（Jolliff et al.，2000）。因此，月球表面三大地体包括正面风暴洋月海、背面斜长质高地及南极-艾特肯盆地。除此之外，在更小的尺度上，月球表面还保留了各种外生和内生地质活动产生的地貌：月球经历的最主要外生作用是撞击作用，形成了布满月球的撞击坑与盆地；月球经历的内生作用主要包括构造运动与火山活动。

2.3.1 月球表面的三大地体

月球正面又称近月面，即面向地球的一面，是以地势较低的月海平原为主（图 2.2）。月海是月球表面的主要地理单元，从地球上用肉眼看过去，月球之上有些黑暗色区域，这些大面积的暗色区域被称为月海，这是因为月海主要由玄武质的岩浆构成，反照率较低（Head，1976）。月海面积约占全月面的 25%。迄今已知的月海有 22 个，绝大多数月海分布在面向地球的月球正面，正面月海约占半球面积的一半（乔乐 等，2021；Head and Wilson，2017）；月球背面只有东海（Mare Orientale）、莫斯科海（Mare Moscoviense）和智海（Mare Ingenii）3 个月海，而且面积均较小，约占半球面积的 2.5%。

月球背面又称远月面，是以地势较高的高地为主（图 2.3），月球高地主要由长石构成（Jolliff et al.，2000），因此其反照率高于月海，显得更为明亮。

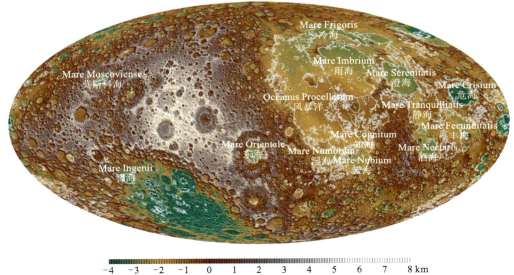

图 2.2 月球地形图及主要月海分布

图 2.3 月球背面高地

　　南极–艾特肯盆地（SPA）是月球背面一座巨大的陨石撞击坑（图 2.4），直径约为 2500 km，盆地的最大落差（从坑底最深处到最高壁顶处）为 16.1 km，它是太阳系中已知最大的撞击坑之一，也是迄今被公认为月球上最大、最古老和最深的撞击盆地（Garrick-Bethell and Zuber，2009）。从地球上可看到该盆地位于月球南侧，边沿犹如一系列巨大山脉的外侧，被称为莱布尼茨（Leibnitz）山脉。2024 年 6 月 23 日，我国的嫦娥六号着陆器和上升器组合体成功着陆在月球背面南极–艾特肯盆地预选着陆区（41.6385°S，153.9852°W）（Zeng et al.，2023），采集完月球样品后于 2024 年 6 月 25 日着陆于内蒙古自治区四子王旗预定区域，实现世界首次月球背面样品返回。

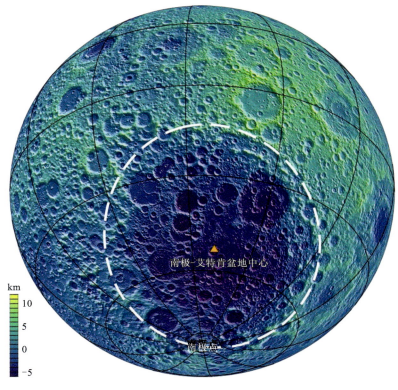

图 2.4   月球南极–艾特肯盆地地形图

引自 Garrick-Bethell 和 Zuber（2009）

　　月球南极附近存在很深的陨石撞击坑，相较于月球的其他区域，月球南极拥有最大并且最集中的永久阴影区（图 2.5），这使得大量撞击坑常年接受不到太阳光照（Bickel et al.，2021）。这些撞击坑内极有可能富集大量水冰，是目前月球探测主要关注的区域（Dagar et al.，2023）。通过月球大地测量技术，月球南极区域的地形模型分辨率已经达到 1.5 m（童小华 等，2022）。

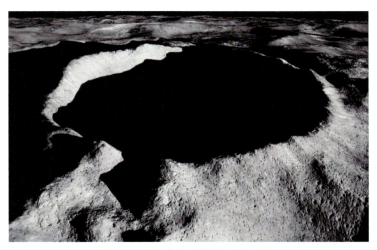

图 2.5   月球永久阴影区示意图

2.3.2 撞击地貌

撞击坑与撞击盆地是月球上最典型和最普遍的地貌特征，是星际撞击物撞击月球表面形成的结构（Melosh，1989）。月球撞击坑的直径最小可小于 1 m，最大可达数百千米（图 2.6）。月球撞击坑的典型形态特征为带有隆起坑缘的环形凹陷。不同直径、年龄和靶体物质中形成的撞击坑，具有丰富的形态和结构差异。根据撞击坑的直径范围和形态特征，一般可将月球撞击坑分为微坑（micro craters）、简单坑（simple craters）、复杂坑（complex craters）和撞击盆地（impact basins）4 类。当撞击坑直径进一步增大时（直径约为 25 km），撞击坑的底部将出现中央隆起，形成中央峰，中央峰的高度一般低于撞击坑的坑缘；当撞击坑的直径再进一步增大时（直径约为 140 km），中央峰将被中央峰环所取代。

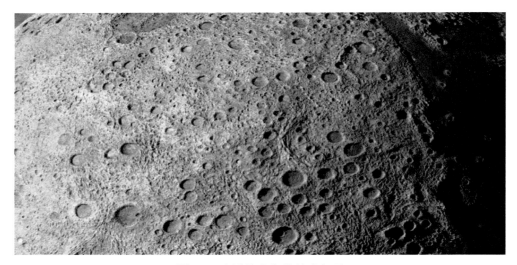

图 2.6　布满撞击坑的月球表面

在月球上共发现了 60 余处显性撞击盆地，而通过重力场数据发现的隐性（被撞击溅射物或演化过程所覆盖）撞击盆地可能多达 280 个（Neumann et al.，2015；Feathersonte et al.，2013）。目前统计出直径大于 1 km 的月球撞击坑总数超过 132 万个（Wang et al.，2021）。根据月球大型撞击盆地的形貌（Liu et al.，2022），它们可以分为初始盆地（proto basin）、峰环盆地（peak-ring basin）、多环盆地（multi-ring basin）及超大盆地（super basin）。

2.3.3 构造地貌

皱脊（wrinkle ridge）是一种在月海区较为常见的地貌类型（图 2.7），其特征为在月海表面可能延伸数百千米的低矮、蜿蜒的山脊（Watters，2022）。皱脊是玄武质熔岩冷却、收缩时形成的地质构造特征（Yue et al.，2015）。它们往往显示了月海中所掩埋的环状结构的轮廓，在月海表面呈现出圆形轮廓或交错的山峰。

图 2.7　月球表面的皱脊

　　叶片状悬崖（lobate scarps）是月球表面另一种挤压结构，看起来就像地貌中的阶梯（图 2.8），它们是单面的，通常具有叶片状的前缘（Mishra and Senthil-Kumar，2022）。叶片状悬崖形成的最可能原因是月球内部冷却导致的全球收缩（Watters et al.，2010）。在研究月球地质与演化历史过程中，高精度的月球地形模型对叶片状悬崖剖面的精确表达十分重要。

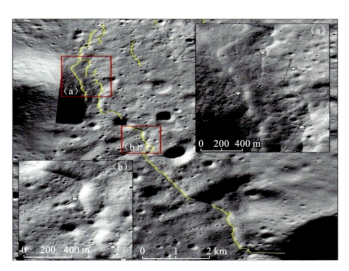

图 2.8　月球南极区域的一组叶片状悬崖

修改自 Mishra 和 Senthil-Kumar（2022）

　　月球的地堑（graben）是月球的正断层地貌（图 2.9），地堑的横剖面地形及其随着走向的变化是研究其起源细节的重要信息。月球的地堑是夹在两个正断层之间相对下沉的区域，它是一种线状地貌，有多条倾角相反的正断层，在中心形成一个向下倾斜的地块（French et al.，2015）。

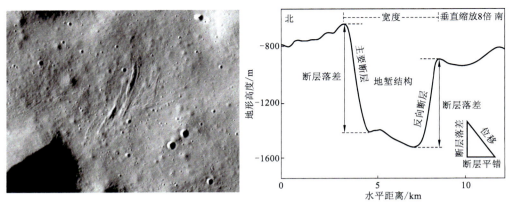

图 2.9　月球表面的地堑及其地形剖面图
修改自 Callihan 和 Klimczak（2019）

2.3.4　火山地貌

月溪是月球表面火山活动留下的结构（Hurwitz et al.，2013），一般分布在月海区域，表现出平行的走向、横向连续的壁状结构（图 2.10）。月溪通常位于火山口及对应的熔岩流管道附近。在月球上，月溪可以表现为开放的峡谷，或者是地下岩浆流动的通道。月球上已发现的月溪超过 200 处，最长的超过 566 km，平均长度为 33.2 km；月溪的宽度为 160 m～4.3 km，深度为 4.8～534 m（Hurwitz et al.，2013）。

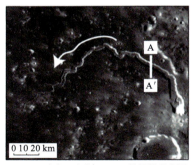

（a）LRO广角照相机（WAC）拍摄的影像图

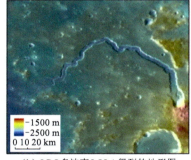

（b）LRO多波束 LOLA 得到的地形图

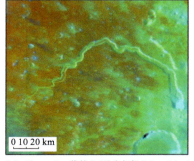

（c）Clementine 紫外/可见光相机（ultraviolet/
visible camera，UV/Vis）拍摄的彩色影像

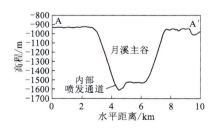

（d）月溪地形剖面图

图 2.10　月球 Schroter 月溪
修改自 Hurwitz 等（2013）

除上述的地形地貌特征之外，月球表面还有许多其他类型的形貌，如链坑（月球表面的一串撞击坑链，是大撞击坑形成时所抛出的喷发物再次撞击月球表面形成的次生坑或是由火山断裂带上的火山喷发活动造成的）（Melosh and Whitaker，1994）、月谷（月球古老火山的岩浆通道，多分布在高地）、峭壁（Nahm and Schultz，2015）、月丘（月球表面的盾状火山，由局部喷口喷发的高黏度的可能富含二氧化硅的岩浆缓慢冷却而成，Head and Wilson，2017）等，由于这些形貌所占比例较小，这里就不一一赘述了。

2.4 月球重力场

在地球物理中，重力场是反演质体内部结构的物理量。然而，在大地测量中，重力场被用来确定地形高程（物理大地测量）和精密定轨（卫星大地测量）。目前，由于在月球表面还难以实施直接的重力测量，月球重力场的获取还主要通过对绕月卫星的轨道摄动量进行计算得到。早期的月球重力场解算的数据主要来源于地面跟踪数据，包括对绕月卫星的双程（三程）测距测速和甚长基线干涉测量。利用地面跟踪的卫星轨道摄动确定重力场的方法主要以动力法为主，最终获取的结果是以球谐级数形式表达的月球重力场模型。重力场位系数解算的阶次代表了重力场模型的分辨率，Apollo 任务及之前的月球重力场模型阶次较低，如 16×16 阶次的月球重力场模型（Bills and Ferrari，1980）。21世纪以来，获取绕月卫星轨道摄动数据的方法借鉴了地球上的卫-卫跟踪模式，NASA 实施的 GRAIL 任务，解算的重力场模型阶次最高达 1500 阶（Park et al.，2015），对应的空间分辨率为 3.6 km。重力场模型的改善将促进高精度月球高程系统的构建，也大大提升了绕月卫星精密定轨的可靠性。

参 考 文 献

方俊，1984. 固体潮. 北京：科学出版社.

李蓉，李斐，鄢建国，等，2016. 基于 LRO 测高数据和 GRAIL 重力数据解算的月球三轴椭球体模型. 测绘地理信息，41(3): 8-11.

乔乐，陈剑，凌宗成，2021. 月球火山作用的地貌学特征. 地质学报，95(9): 2678-2691.

童小华，刘世杰，谢欢，等，2022. 从地球测绘到地外天体测绘. 测绘学报，51(4): 488-500.

Araki H, Tazawa S, Noda H, et al., 2008. Observation of the lunar topography by the laser altimeter LALT on board Japanese lunar explorer SELENE. Advances in Space Research, 42(2): 317-322.

Bickel V T, Moseley B, Lopez-Francos I, et al., 2021. Peering into lunar permanently shadowed regions with deep learning. Nature Communications, 12: 5607.

Bills B G, Ferrari A J, 1980. A harmonic analysis of lunar gravity. Journal of Geophysical Research: Solid Earth, 85(B2): 1013-1025.

Callihan M B, Klimczak C, 2019. Topographic expressions of lunar graben. Lithosphere, 11(2): 294-305.

Cao W, Cai Z, Tang Z, 2015. Lunar surface roughness based on multiscale morphological method. Planetary and Space Science, 108: 13-23.

Dagar A K, Rajasekhar R P, Nagori R, 2023. Analysis of the permanently shadowed region of Cabeus crater in lunar south pole using orbiter high resolution camera imagery. Icarus, 406: 115762.

Feathersonte W E, Hirt C, Kuhn M, 2013. Band-limited Bouguer gravity identifies new basins on the Moon. Journal of Geophysical Research: Planet, 118: 1397-1413.

French R A, Bina C R, Robinson M S, et al., 2015. Small-scale lunar graben: Distribution, dimensions, and formation processes, Icarus, 252: 95-106.

Garrick-Bethell I, Zuber M T, 2009. Elliptical structure of the lunar South Pole-Aitken Basin. Icarus, 204(2): 399-408.

Head J W, 1976. Lunar volcanism in space and time. Reviews of Geophysics, 14(2): 265-300.

Head J W, Wilson L, 2017. Generation, ascent and eruption of magma on the moon: New insights into source depths, magma supply, intrusions and effusive/explosive eruptions (part 2: Predicted emplacement processes and observations). Icarus, 283: 176-223.

Huang Q, Ping J, Wieczorek M A, et al., 2010. Improved global lunar topographic model by Chang'E-1 laser altimetry data. 41st Annual Lunar and Planetary Science Conference.

Hurwitz D M, Head J W, Hiesinger H, 2013. Lunar sinuous rilles: Distribution, characteristics, and implications for their origin. Planetary and Space Science, 79: 1-38.

Jolliff B L, Gillis J J, Haskin L A, et al., 2000. Major lunar crustal terranes: Surface expressions and crust-mantle origins. Journal of Geophysical Research: Planets, 105(E2): 4197-4216.

Liu J W, Liu J Z, Yue Z Y, et al., 2022. Characterization and interpretation of the global lunar impact basins based on remote sensing. Icarus, 378: 114952.

Melosh H J, 1989. Impact cratering: A geologic process. Oxford: Clarendon Press.

Melosh H J, Whitaker E A, 1994. Lunar crater chains. Nature, 369: 713-714.

Mishra A, Senthil-Kumar P, 2022. Spatial and temporal distribution of lobate scarps in the lunar south polar region: Evidence for latitudinal variation of scarp geometry, kinematics and formation ages, neo-tectonic activity and sources of potential seismic risks at the Artemis candidate landing regions. Geophysical Research Letters, 49(18): e98505.

Nahm A L, Schultz R A, 2015. Rupes Recta and the geological history of the Mare Nubium Region of the Moon: Insights from forward mechanical modelling of the 'Straight Wall'. Geological Society, London, Special Publications, 401(1): 377-394.

Neumann G A, Zuber M T, Wieczorek M A, et al., 2015. Lunar impact basins revealed by Gravity Recovery and Interior Laboratory measurements. Science Advances, 1(9): e1500852.

Park R S, Konopliv A S, Yuan D N, et al., 2015. A high-resolution spherical harmonic degree 1500 lunar gravity field from the GRAIL mission.//AGU Fall Meeting Abstracts.

Smith D E, Zuber M T, Neumann G A, et al., 2017. Summary of the results from the lunar orbiter laser altimeter after seven years in lunar orbit. Icarus, 283: 70-91.

Wang Y R, Wu B, Xue H, 2021. An improved global catalog of lunar impact craters(≥1 km) with 3D morphometric information and updates on global crater analysis. Journal of Geophysical Research: Planets,

126(9): JE006728.

Warell J, 2004. Properties of the Hermean regolith: IV. Photometric parameters of Mercury and the Moon contrasted with Hapke modelling. Icarus, 167(2): 271-286.

Watters T R, Robinson M S, Beyer R A, et al., 2010. Evidence of recent thrust faulting on the moon revealed by the lunar reconnaissance orbiter camera. Science, 329(5994): 936-940.

Watters T R, 2022. Lunar wrinkle ridges and the evolution of the nearside lithosphere. Journal of Geophysical Research: Planets, 127(3): e07058.

Williams J G, Boggs D H, 2016. Secular tidal changes in lunar orbit and Earth rotation. Celestial Mechanics and Dynamical Astronomy, 126(1): 89-129.

Yue Z, Li W, Di K, et al., 2015. Global mapping and analysis of lunar wrinkle ridges. Journal of Geophysical Research: Planets, 120(5): 978-994.

Zeng X G, Liu D W, Chen Y, et al., 2023. Landing site of the Chang'e-6 lunar farside sample return mission from the Apollo Basin. Nature Astronomy, 7: 1188-1197.

Zhang F, Head J W, Wöhler C, et al., 2021. The lunar mare ring-moat dome structure (RMDS) age conundrum: Contemporaneous with Imbrian-aged host lava flows or emplaced in the Copernican? Journal of Geophysical Research: Planets, 126(8): e06880.

第
3
章

月球时空系统

　　时间与空间基准的确定是开展月球大地测量研究和工程应用的基础。在月球重力场建模、月球探测器精密定轨、卫星测高数据处理等月球大地测量实践中，常用时间系统包括国际原子时（international atomic time，TAI）、质心力学时（barycentric dynamical time，TDB）、地球动力学时（terrestrial dynamical time，TDT）、协调世界时（coordinated universal time，UTC）等。本章首先介绍月球大地测量主要涉及的三类时间系统，并针对时间系统转换中需要注意的关键问题进行详细讨论。之后，从地月坐标系转换的角度介绍常用地月坐标框架，并就新近 DE（development ephemeris）系列历表对月球探测器精密坐标转换的影响进行论述。为帮助读者理解，本章最后给出一个详细的坐标系统转换的例子。

3.1　月球时间系统

　　在月球大地测量中，时间是最基本的自变量，时刻不同，对应的探测器状态、天体位置、月球自转状态等其他参数值将随之变化。时间系统是由时间计量的起点和单位时间间隔的长度来定义的。月球大地测量中常用的时间系统大致分为三类：原子时、动力学时、恒星时。

　　原子时（atomic time，AT）是为了满足空间科学技术和现代天文学与大地测量学新技术发展和应用的需求而建立的高稳定性的时间系统。国际原子时（TAI）的初始历元规定为 1958 年 1 月 1 日世界时 0 时，秒长定义为铯-133 原子基态的两个超精细能级间在零磁场下跃迁辐射 9 192 631 770 周所持续的时间。国际计量局利用全球分布的超过 80 个时间中心的 450 余座原子钟，经过数据加权平均处理得到了统一国际原子时系统。在各种原子时中，A1 是美国海军天文台（U.S. Naval Observatory，USNO）播发的原子时，美国戈达德航天飞行中心（Goddard Space Flight Center，GSFC）的精密定轨系统 GEODYN-II 内部使用的即是 A1，A1 与 TAI 秒长一致，起始历元比 TAI 晚 0.034 381 7 s。

　　动力学时（dynamics time，DT）简称力学时。在天文学中，天体的星历是根据天体力学理论建立的运动方程而编算的，其中所采用的独立变量是时间参数 T，这个数学变量 T 便被定义为动力学时。在动力学时系统建立之前，曾经使用过历书时（ephemeris time，ET），它是一种以太阳系内天体公转为基准的时间系统，在过去用于天体的历表中，特别是太阳、月球、行星和其他许多太阳系内天体位置所用的时间尺度。但是，这种以地球绕太阳公转运动为基准的历书时，从理论到实践都不完善，且由于关联的天文常数的改变还会导致历书时的不连续，这种精度不高且提供结果比较迟缓的历书时现已被动力学时所取代。随着时间精度要求的提高及广义相对论的应用，历书时逐渐被质心力学时（TDB）和地球动力学时（TDT）替代：TDT 是用于解算围绕地球质心旋转的天体（如人造卫星）的运动方程，编算其星历时所用的一种时间系统。1991 年，为了避开动力学（dynamical）这个容易引起争议的名词，第 21 届国际天文学联合会（International Astronomical Union，IAU）又决定将 TDT 改称为地球时（terrestrial time，TT）。太阳系质心力学时（TDB）有时也被简称为质心力学时，是一种用于解算坐标原点位于太阳系质心的运动方程（如行星运动方程）并编制其历表时所用的时间系统。

恒星时（sidereal time，ST）是以地球自转为基础，其数值等于春分点相对于子午圈的时角，春分点连续两次经过上中天的时间间隔为一"恒星日"。格林尼治恒星时为春分点相对于格林尼治子午面的时角，考虑岁差和章动的影响得到的恒星时称为格林尼治真恒星时（Greenwich apparent sidereal time，GAST），而消除章动影响后得到的恒星时为格林尼治平恒星时（Greenwich mean sidereal time，GMST）。恒星时是以地球自转为基础，并与地球自转角度相对应的时间系统，在天文学中已被广泛应用。世界时（universal time，UT）以平太阳为基本参考点，由平太阳的周日视运动确定时间，以格林尼治平子夜零时起算。世界时是以地球自转为基础的，随着科学技术的发展，人们发现：①地球自转轴在地球内部的位置是在变化的，即存在极移现象；②地球自转的速度也是不均匀的，它不仅包含长期减缓的趋势，还会有一些短周期的变化和季节性的变化，情况比较复杂。由于上述原因，世界时不再严格满足建立时间系统的基本条件。为了弥补上述缺陷，从 1956 年起，便在世界时中加入极移改正 $\Delta\lambda$ 和地球自转速度的季节性改正 ΔT_s，由此得到的世界时分别用 UT1 和 UT2 表示，而未经改正的世界时则用 UT0 来表示。UT0 是由全球分布的多个观测站观测恒星的视运动确定的时间系统。UT1 是 UT0 加上极移改正得到的。UT2 是 UT1 加上地球自转的季节变化改正得到的。协调世界时（UTC）兼顾了对世界时时刻和原子时秒长两者的需要，其秒长与原子时秒长一致，在时刻上则要求尽量与世界时接近。如果 UTC 和 UT1 之差超过 0.9 s，则 UTC 改变一整秒，称为闰秒，闰秒安排在 12 月 31 日或 6 月 30 日最后一秒。UTC 是一种均匀但不连续的时间尺度，它具有原子时稳定的优点，时刻又靠近 UT1。

3.1.1 时间系统的转换

在月球及行星探测器精密定轨、激光测高、月球激光测距等大地测量活动中，主要使用的时间系统有协调世界时（UTC）、世界时（UT1）、国际原子时（TAI）、地球时（TT）和太阳系质心力学时（TDB）。例如，大多数观测是基于地球测站开展的，通过测站的高精度原子钟维持时间系统，给出的是协调世界时（UTC）时标，而月球在太阳系中运动，观测值的高精度建模需要太阳系质心力学时时标。因此在月球大地测量中涉及不同时间系统间的高精度转换。

图 3.1 是各常用时间系统的转换关系，图中上半部分是国际地球自转服务（International Earth Rotation Service，IERS）标准，下半部分是 GEODYN-II 内部具体实现方法。GEODYN-II 中并没有使用国际原子时（TAI），而是使用美国海军天文台维持的 A1。从图 3.1（叶茂，2016）的上半部分中可以清楚地看出各个时间系统的联系，UTC 通过跳秒和 TAI 联系，TAI 和 TT 相隔 1 个常数秒长；从数值计算的角度看，这三者的相互转换比较简单，基本上等价。但是 UTC 到 UT1 的转换则需要读取（UT1-UTC）值，TT 到 TDB 的转换有不同的模型，这两个转换需要注意的问题下面将详细论述。GEODYN-II 由于开发时间比较早，其内部仍然是历书时（ET）的概念，ET 已被现今的地球时（TT）取代。时间转换中的跳秒和（UT1-UTC）均可从 IERS 的网站获取。GEODYN-II 官方网站有自动化脚本，自动抓取地球定向参数，之后转换成（A1-UTC）和（A1-UT1），生成二进制的 gdyntab.data 供用户使用。

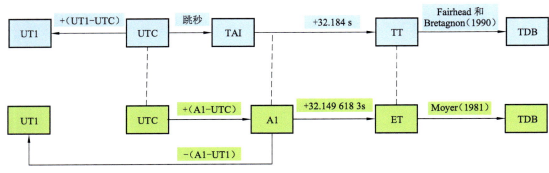

图 3.1　时间系统转换关系

3.1.2　UT1 的精确获取

UT1 的值表征了地球自转的不均匀性，其计算精度对地心地固系到地心惯性系的转换精度影响较大，下面对 UT1 计算中需要注意的细节进行说明。由 UTC 转到 UT1 需要读取（UT1-UTC）的值，该值由 IERS C 04 提供。根据 IERS 的说明（Petit and Luzum，2010），其公布的 1 天采样间隔的（UT1-UTC）由于平滑处理算法，并不包括周日和亚周日项带谐项潮汐效应，所以需要首先插值得到计算时刻的（UT1-UTC），然后进行周日和亚周日项带谐项潮汐效应改正，最终得到计算时刻的（UT1-UTC）。而 GEODYN-II 的处理模式稍有不同，对于 1 天的节点值，首先将周期小于 35 天的潮汐项去掉（Yoder et al.，1981），然后插值得到计算时刻的（UT1-UTC），最后进行周日和亚周日项带谐项潮汐效应改正，并加回周期小于 35 天的潮汐项进行改正，得到计算时刻的（UT1-UTC）。这两种算法得到的（UT1-UTC）有微小差别。GEODYN-II 的处理方式中周期小于 35 天的潮汐项并没有参与插值，这种处理算法可以保证（UT1-UTC）更高的插值精度。

图 3.2 所示为上述两种不同处理算法得到的 UT1 差值，从中可以看出最大值接近 0.06 ms，对应于地球赤道约 27.9 mm 的位移，所以对高精度的数据处理，更推荐 GEODYN-II 内部采用的方式。

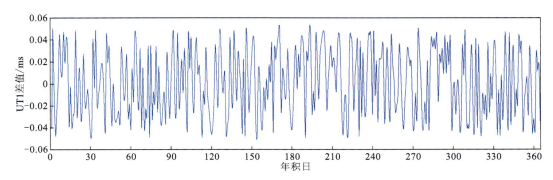

图 3.2　IERS 推荐算法和 GEODYN-II 内部处理得到的 UT1 的差值（2007 年）

此外，IERS 公布的（UT1-UTC）序列值由于 UTC 的非连续性，会因为闰秒发生跳变，如图 3.3 所示，如果在闰秒附近点插值，由于序列值的跳变，插值会发生错误，损失计算精度。为了保证闰秒附近插值的正确性，一般对连续的（UT1-TAI）序列进行插值，可避免出现该问题。在月球大地测量中，涉及地球测站坐标在地心地固与地心天球间的相互转换，本节讨论的问题在高精度测量模型建模中需要特别注意。

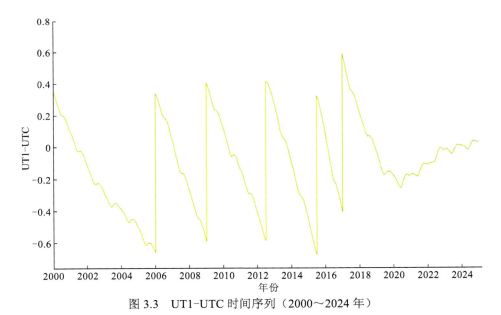

图 3.3　UT1-UTC 时间序列（2000～2024 年）

3.1.3　TDB-TT 高精度计算

在月球及行星探测器的精密定轨中，光行时的解算在太阳系质心参考系 BCRS 中进行，与之对应的时间引数为 TDB，此时需要将 TT 转换至 TDB。在相对论框架下，TDB-TT 的公式（Park et al.，2021；Folkner et al.，2014）如下：

$$\begin{aligned}
\mathrm{TDB} - \mathrm{TT} = {} & \frac{L_G - L_B}{1 - L_B}(\mathrm{TDB} - T_0) + \frac{1 - L_G}{1 - L_B}\mathrm{TDB}_0 \\
& + \frac{1 - L_G}{1 - L_B}\int_{T_0 + \mathrm{TDB}_0}^{\mathrm{TDB}}\frac{1}{c^2}\left(\frac{v_E^2}{2} + w_{0E} + w_{LE}\right)\mathrm{d}t + \frac{1}{c^2}v_E(r_S - r_E) \\
& - \frac{1 - L_G}{1 - L_B}\int_{T_0 + \mathrm{TDB}_0}^{\mathrm{TDB}}\frac{1}{c^4}\left(-\frac{v_E^4}{8} - \frac{3}{2}v_E^2 w_{0E} + 4v_E w_{AE} + \frac{1}{2}w_{0E}^2 + \Delta_E\right)\mathrm{d}t \\
& + \frac{1}{c^4}\left(3w_{0E} + \frac{v_E^2}{2}\right)v_E \cdot (r_S - r_E)
\end{aligned} \tag{3.1}$$

式中：TDB 和 TT 的单位为儒略日；T_0 为儒略日 2 443 144.500 372 5；$\mathrm{TDB}_0 = -65.5 \times 10^{-6}/86\,400$；$c$ 为光速；L_G 为 TT 相对于 TCG 的速率，为 6.969 290 134×10^{-10}；L_B 为 TDB 相对于 TCB 的速率，为 1.550 519 768×10^{-8}；v_E 为地球速度；r_S 为测站的位置；r_E 为地球的位置，位置和速度都相对于太阳系质心；w_{0E} 为外部点质量在地心处的引力位；w_{LE} 为外部天体的扁率项在地球处的引力位。

美国喷气推进实验室（Jet Propulsion Laboratory，JPL）在研制 DE430 历表时首次给出了 TT-TDB 的数值产品，于 2014 年随同月球/行星历表产品一同发布（Folkner et al.，2014）。国际上三大历表编制单位：美国喷气推进实验室、法国经度局/天体力学和历书计算所（Bureau de Longitude，BDL/Institut de mécanique céleste et de calcul des éphémérides，IMCCE）（Fienga et al.，2019）、俄罗斯应用天文研究所（Institute of Applied Astronomy，IAA）（Pitjeva et al.，2019），在其最新编制的行星/月球历表中均提供（TT-TDB）的数值积分结果，以方便用户使用。IAU 第 4 专业委员会于 2015 年通过决议，推荐采用导航与辅助信息设施（Navigation and Ancillary Information Facility，NAIF）SPICE（Spacecraft，Planet，Instrument，C-matrix，Events）的 spk 格式作为星历的标准文件格式（Hilton et al.，2014）。目前 3 家机构均提供该格式的文件供用户下载。图 3.4（叶茂，2016）比较了 IMCCE 的 INPOP13c 历表和 IAA 的 EPM2011 历表相对于 JPL 的 DE430 历表在地心处（TT-TDB）上的差值。

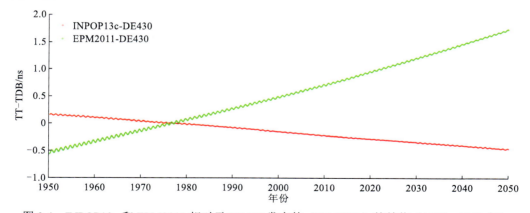

图 3.4　INPOP13c 和 EPM2011 相对于 DE430 发布的（TT-TDB）的差值（1950～2050 年）

从图 3.4 中可以看出，在 1950～2050 年，利用 INPOP13c 和 DE430 计算的（TT-TDB）差别小于 0.5 ns，而 IAA 的 EPM2011 的精度略低，有 1～2 ns 差别。

除了上述在历表中发布的高精度（TT-TDB）数值产品，也有一些解析方法。如测站处 TDB 与 TT 之间的转换关系（Moyer，1981）可以表示为

$$TDB - TT = \frac{2}{c^2}(\dot{r}_B^S \cdot r_B^S) + \frac{1}{c^2}(\dot{r}_B^C \cdot r_E^B) + \frac{1}{c^2}(\dot{r}_E^C \cdot r_A^E)$$
$$+ \frac{\mu_J}{c^2(\mu_S + \mu_J)}(\dot{r}_J^S \cdot r_J^S) + \frac{\mu_{Sa}}{c^2(\mu_S + \mu_{Sa})}(\dot{r}_{Sa}^S \cdot r_{Sa}^S) \quad (3.2)$$
$$+ \frac{1}{c^2}(\dot{r}_S^C \cdot \dot{r}_B^S)$$

式中：r_A^E 为测站 A 在地心空固系下的位置矢量；r_i^j 和 $\dot{r}_i^j$ 分别为天体 i 在 BCRS 中相对于天体 j 的位置和速度矢量，均可从历表中读取；上标或下标 S 表示太阳，C 表示太阳系质心，E 表示地球，B 表示地月系质心，Sa 表示土星，J 表示木星，A 表示测站位置；μ_i 为天体 i 的引力常数；c 为光速。

除了上述 Moyer（1981）方法，Fairhead 和 Bretagnon（1990）给出了包含 127 项展开的（TDB-TT）分析公式，其精度可达 100 ns，Fukushima（1995）扩充了一个包含 1637 项的（TDB-TT）分析公式，该公式基于 JPL 行星历表 DE245，其精度在 5 ns 左右。IAU 基本天文学标准（Standards of Fundamental Astronomy，SOFA）提供 iau_DTDB 子程序，该程序基于 Fairhead 和 Bretagnon（1990）的工作，考虑了 TDB-TT 中所有量级在 0.1 ns 以上的 787 项影响因素，并且添加了测站站心改正部分和行星历表的修正项，与用 DE405 历表数值积分的计算结果在 1950～2050 年的绝对偏差小于 3 ns。由于子程序 iau_DTDB 的展开项比较长，在具体应用中会极大地影响计算效率，根据具体情况可对展开式进行截断处理，有研究表明利用简化后的计算公式计算量得以减少，计算精度完全可以满足观测数据时标表示的要求（曹建峰，2013），但是对光行时的求解依旧必须采用完整的表达式系数。

在时间精度要求不高的条件下，TDB-TT 的计算还有一些简化的公式，如 SPICE（Acton et al.，2018）中采用的近似公式：

$$TDB - TT = 0.001\,657 \sin(M + 0.016\,71 \sin M)$$
$$M = 6.239\,996 + 1.990\,968\,71 \times 10^{-7} t \quad (3.3)$$

式中：M 为地月系质心的日心轨道平近点角；t 为从 J2000 起算的、以 s 为单位的 TT。式（3.3）的精度在 30 μs 左右。

表 3.1 给出了常用时间系统转换的具体数值。

表 3.1　常用时间系统的相互转换例子

时间系统	日期格式	儒略日格式
UTC	2002/07/01 1:14:00.000000000	2452456.551388888888889
TAI	2002/07/01 1:14:32.000000000	2452456.551759259259259
TT	2002/07/01 1:15:04.184000000	2452456.552131759259259
TDB	2002/07/01 1:15:04.184112274	2452456.552131760558737
UT1	2002/07/01 1:13:59.772183912	2452456.551386252128612

3.2　月球坐标系统

月球大地测量涉及探测器和测站的位置，以及各类观测量的表达，这就需要构建相应的坐标系统予以描述。坐标系可分为惯性系和非惯性系。探测器的运动方程在惯性系中描述；跟踪站位于地球表面，在地心地固系（非惯性系）中描述。本节首先简单回顾地球参考系（terrestrial reference system，TRS）与定向模型，然后介绍月球大地测量涉及的主要坐标系与转换，最后对新近历表对月球探测器精密坐标转换的影响进行论述。

3.2.1　地球参考系与定向模型

在月球大地测量中，大部分观测活动依赖地球测站的支持，如月球卫星的射电跟踪测量、月球激光测距等，本节将首先简单介绍地球参考系。地球参考系（TRS）是一种与地球固联的空间参考系，它与地球共同旋转，且在空间随地球一起运动，属于非惯性系。地球参考框架（terrestrial reference frame，TRF）作为地球参考系（TRS）的实现，体现为一系列物理点集，其坐标可以精确确定。理想的 TRS 通过一套约定（协议）、算法和常数来定义坐标原点、尺度、定向及其时间变化，这就是协议地球参考系（conventional terrestrial reference system，CTRS）。

由 IERS 负责建立和维持的 CTRS 称为国际地球参考系（international terrestrial reference system，ITRS），而 ITRS 的具体实现称为国际地球参考框架（international terrestrial reference frame，ITRF）。为方便地表示天体在空间的位置或者方位，编制天体的星历而建立了一个固定的坐标系，这个坐标系就是天球参考系（celestial reference system，CRS），它与宇宙固联在一起，是理想的惯性系，不存在整体旋转。天球参考框架（celestial reference frame，CRF）作为 CRS 的实现，体现为宇宙中一组河外射电源的方位。CRS 需要有一套约定来进行定义，这就是协议天球参考系（conventional celestial reference system，CCRS）。由 IERS 负责建立和维持的 CCRS 称为国际天球参考系（international celestial reference system，ICRS），它的具体实现称为国际天球参考框架（international celestial reference frame，ICRF）。根据坐标原点的不同，ICRS 可以分为太阳系质心天球参考系（barycentric celestial reference system，BCRS）和地心天球参考系（geocentric celestial reference system，GCRS），将原点固定在月球中心即为月心天球参考系（lunar celestial reference system，LCRS）。

地心天球参考系与国际地球参考框架的转换需要考虑岁差、章动、极移和地球自转角。关于岁差、章动模型，随着观测值精度的不断提高，也在不断地修正。迄今为止应用较多的岁差章动模型有 IAU 1976/1980 岁差章动模型、IAU 2000A 岁差章动模型和 IAU 2006/2000 岁差章动模型。根据 IAU2000 决议要求，从 2003 年 1 月 1 日起采用 IAU 2000A 岁差章动模型取代 IAU 1976/1980 岁差章动模型，IAU 2006 又决定从 2009 年 1 月 1 日起采用 IAU 2006/2000 岁差章动模型取代 IAU 2000A 岁差章动模型，而 IERS 2010 规范推荐采用 IAU2006 决议的岁差章动模型。图 3.5 较为系统地总结了目前 ITRS 与 GCRS

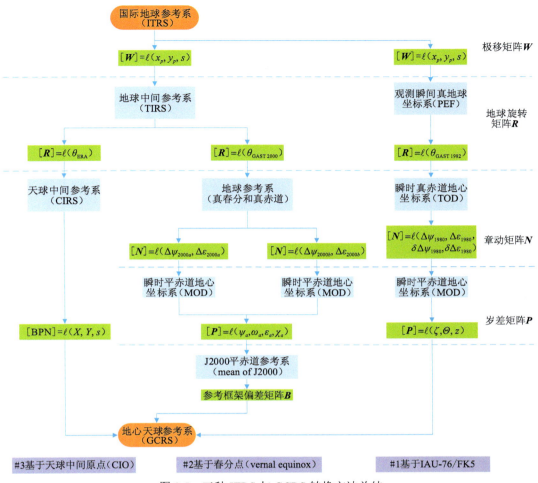

图 3.5　三种 ITRS 与 GCRS 转换方法总结

修改自 Vallado 等（2006）

的 3 种转换过程。IAU 为了简化天文计算，提供了一套标准天文程序库 SOFA 供用户免费使用，IERS 规范（Petit and Luzum，2010）同时也附带有辅助程序对 SOFA 进行补充，添加了极移、潮汐等有关量的计算。

3.2.2　月球大地测量涉及的主要坐标系与转换

　　月球大地测量活动开展的前提是确定和建立月球参考系，建立月球参考系的目的和建立地球参考系的目的是一致的，主要是为了描述月球表面点位相对于月球的位置。月球和地球都绕着自转轴在自转，同时，月球和地球在绕着地月系质心做公转运动。另外，地月系作为一个整体绕着太阳做公转运动。受日地引力的影响，月球自转轴在空间也存在定向运动（物理天平动）。类似理想地球参考系的定义，理想的月球参考系应该是这样的一种固联于月球的月固系：相对于该参考系，月球只存在形变，而无整体的旋转或平移，而它相对于惯性参考系只包括月球的轨道运动和定向运动（物理天平动和自转）。

目前常用的月心月固坐标系包括惯量主轴（principal axis，PA）坐标系和平地球/平极（mean Earth，ME/polar axis）坐标系。

惯量主轴坐标系原点为月球质心，X、Y、Z 方向为月球的三个惯量主轴方向，平地球坐标系原点为月球质心，基本平面平行于月球赤道，X 轴指向地球的平均位置，Z 轴指向月球自转轴北极，Y 轴通过右手系确定。月固坐标系是非惯性系，通过月球自转参数和月球天球坐标系进行联系。由于月球并非理想的三轴旋转椭球，因而惯量主轴坐标系和平地球坐标系对应的坐标轴并不重合，在月球表面上两系统的坐标轴相差约 1 km。

如图 3.6 所示，IAU 通过三个定向参数与月心天球坐标系进行连接，主要参数包括：月球自转轴的北极点赤经 α_0、赤纬 δ_0、月球赤道与零度经线的交点（B）和月球赤道与 ICRF 赤道面的交点（Q）的经度差 W。α_0、δ_0 和 W 的值随着时间的变化而变化，其解析公式由 IAU 的行星与卫星制图坐标系和旋转参数联合工作组（IAU Working Group on Cartographic Coordinates and Rotational Elements，WGCCRE）负责公布，具体如下（Archinal et al.，2011）：

$$\alpha_0 = 269.9949 + 0.0031T - 3.8787\sin E1 - 0.1204\sin E2 + 0.0700\sin E3 - 0.0172\sin E4$$
$$+ 0.0072\sin E6 - 0.0052\sin E10 + 0.0043\sin E13$$

$$\delta_0 = 66.5392 + 0.0130T + 1.5419\cos E1 + 0.0239\cos E2 - 0.0278\cos E3 + 0.0068\cos E4$$
$$- 0.0029\cos E6 + 0.0009\cos E7 + 0.0008\cos E10 - 0.0009\cos E13$$

$$W = 38.3213 + 13.17635815d - 1.4\times10^{-12}d^2 + 3.5610\sin E1 + 0.1208\sin E2 - 0.0642\sin E3$$
$$+ 0.0158\sin E4 + 0.0252\sin E5 - 0.0066\sin E6 - 0.0047\sin E7 - 0.0046\sin E8$$
$$+ 0.0028\sin E9 + 0.0052\sin E10 + 0.0040\sin E11 + 0.0019\sin E12 - 0.0044\sin E13$$

$$(3.4)$$

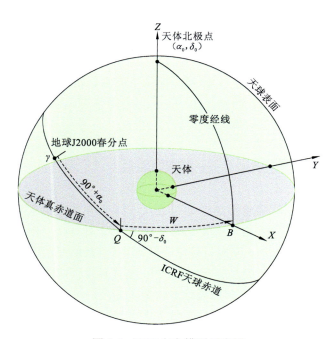

图 3.6　IAU 定向模型示意图

其中：

$$E1 = 125.045 - 0.052\,992\,1d，\qquad E2 = 250.089 - 0.105\,984\,2d，$$
$$E3 = 260.008 + 13.012\,000\,9d，\qquad E4 = 176.625 + 13.340\,715\,4d，$$
$$E5 = 357.529 + 0.985\,600\,3d，\qquad E6 = 311.589 + 26.405\,708\,4d，$$
$$E7 = 134.963 + 13.064\,993\,0d，\qquad E8 = 276.617 + 0.328\,714\,6d，$$
$$E9 = 34.226 + 1.748\,487\,7d，\qquad E10 = 15.134 - 0.158\,976\,3d，$$
$$E11 = 119.743 + 0.003\,609\,6d，\qquad E12 = 239.961 + 0.164\,357\,3d，$$
$$E13 = 25.053 + 12.959\,008\,8d$$

式（3.4）中：T 为相对于标准时刻的儒略世纪数；d 为标准时刻的天数，标准时刻取 JD 2451545.0。以式（3.4）计算得到的 ME 坐标精度为 150 m（Konopliv et al.，2001）。

月球重力场模型、月球表面激光反射棱镜位置在惯量主轴坐标系中求解和表达，而平地球坐标系用于月球制图、遥感影像等地理产品。惯量主轴坐标系和平地球坐标系在月球表面的偏差大概为 860 m（Archinal et al.，2018）。对于高精度的需求，如探测器定轨和重力场确定，均使用惯量主轴坐标系。

JPL 在研制行星历表过程中，通过数值积分提供了高精度月球自转欧拉角 (φ,θ,ψ) 及其变率，(φ,θ,ψ) 与 IAU 的 α_0、δ_0 和 W 对应关系如下：

$$\varphi = 90° + \alpha_0$$
$$\theta = 90° - \delta_0 \qquad\qquad (3.5)$$
$$\psi = W$$

惯量主轴坐标系下的位置向量 $\boldsymbol{PA}$ 与月心天球坐标系下的位置向量 $\boldsymbol{I}$ 转换关系如下：

$$\boldsymbol{PA} = R_z(\psi)R_x(\theta)R_z(\varphi)\boldsymbol{I} \qquad\qquad (3.6)$$

而惯量主轴坐标系与平地球坐标系的转换是与 DE 历表版本号对应的，下面给出几个新近的 DE 历表所对应的惯量主轴坐标系与平地球坐标系的转换关系（Park et al.，2021；Folkner et al.，2014，2009；Konopliv et al.，2001）如下：

$$\boldsymbol{ME}_{\text{DE421}} = R_x(-0.2785'')R_y(-78.6944'')R_z(-67.8526'')\boldsymbol{PA}_{\text{DE440}}$$
$$\boldsymbol{ME}_{\text{DE430}} = R_x(-0.285'')R_y(-78.580'')R_z(-67.573'')\boldsymbol{PA}_{\text{DE430}}$$
$$\boldsymbol{ME}_{\text{DE421}} = R_x(-0.295'')R_y(-78.627'')R_z(-67.737'')\boldsymbol{PA}_{\text{DE430}} \qquad (3.7)$$
$$\boldsymbol{ME}_{\text{DE421}} = R_x(-0.30'')R_y(-78.56'')R_z(-67.92'')\boldsymbol{PA}_{\text{DE421}}$$
$$\boldsymbol{ME}_{\text{DE403}} = R_x(-0.1462'')R_y(-79.0768'')R_z(-63.8986'')\boldsymbol{PA}_{\text{DE403}}$$

3.2.3　新近 DE 历表对月球探测器精密坐标转换的影响

在月球探测器精密定轨与月球重力场的研究中，绕月卫星受到的最大摄动力为月球的非球形引力，该摄动力需要在惯量主轴坐标系中计算，之后转换到月心天球坐标系。转换中需要读取历表中的月球天平动信息，得到三个欧拉角 (φ,θ,ψ)，然后按照式（3.6）组成转换矩阵。JPL 不同版本的 DE 历表给出的天平动信息有细微的区别，导致月球探测器受到的最大摄动力的计算存在差别，进而影响最终的精密轨道的计算结果。因此，有必要对其影响量级进行分析。对于精密定轨，JPL 目前推荐使用 DE430 和 GRAIL 重力场模型，本小节以 DE430 为标准，计算对于典型的 100 km、50 km 高度的极轨绕月卫星，采用 DE421、DE403 历表相对于 DE430 进行轨道预报的差值，预报时长为 2 天。图 3.7 和图 3.8（叶茂，2016）为径向方向的差值结果，从中可以看出，DE430 与 DE421 的计算结果较为接近，影响量级低于 0.1 m，而与 DE403 的计算结果差距相对较大，接近 1 m。对高精度的数据处理，如 GRAIL 数据，DE403 已经不能满足精度要求了。但对于目前大部分月球探测器的精密定轨，历表的影响几乎可以忽略。

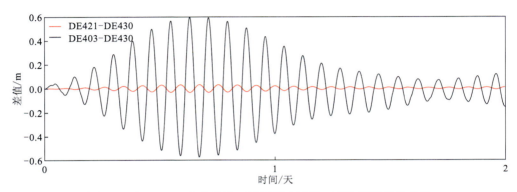

图 3.7 在 100 km 高度轨道，不同历表进行 2 天轨道预报的差值

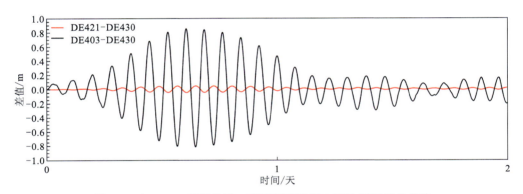

图 3.8 在 50 km 高度轨道，不同历表进行 2 天轨道预报的差值

3.3 基于 SPICE 的月球时空系统转换

本节通过一个简单的算例，展示基于 SPICE 的具体实现。

NASA 的导航与辅助信息设施（NAIF）编写了一个命名为 SPICE[①]的系统（Acton et al.，2018），以协助 NASA 规划和开展星载仪器的科学观测，并协助 NASA 工程师进行行星探测任务的建模、规划和执行。SPICE 的使用贯穿 NASA 的行星探测任务的规划、执行和后期数据分析等各个阶段，也有助于将单个仪器数据集与同一航天器或其他航天器上其他仪器的数据集进行关联。SPICE 系统由逻辑组件和内核文件组成。内核文件指

[①] https://naif.jpl.nasa.gov/naif/

SPICE 逻辑组件运行所需的数据集，由导航和其他辅助信息组成。SPICE 共分为 5 部分，每个字母代表一组功能。

S（spacecraft）：航天器星历表，是一个与时间相关的函数。

P（planet）：行星、卫星、彗星或小行星星历表，更一般地说，表示任何目标物体的位置，作为一个时间的函数给出。P 分量在逻辑上还包括目标物体的某些物理、动力学和制图常数，例如大小和形状参数，以及旋转轴和本初子午线的方向。

I（instrument）：特定描述科学仪器几何特征的信息，如视野大小、形状和指向参数。

C（camera-matrix）：方向信息，主要进行一个被称为"c-矩阵"的变换，提供航天器科学仪器时间标记的指向角，包含指向角变化的速率。

E（events）：事件信息，事件数据包含在 spice-kernel 文件集中，该文件集由三个组件组成，即科学计划、事件时间序列和注释。

NAIF 开发了在线计算工具 WebGeocalc，方便用户快速使用 SPICE 系统。图 3.9 所示为 SPICE 的辅助导航数据概况。

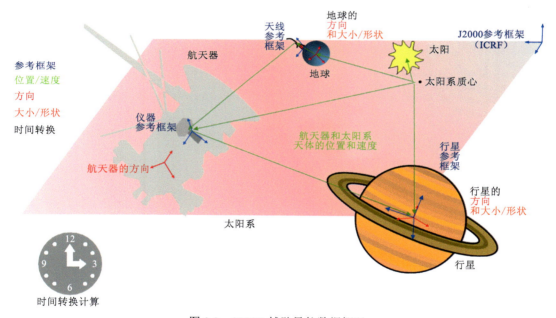

图 3.9 SPICE 辅助导航数据概况

下面以中国嫦娥三号着陆器为目标体，展示如何获取嫦娥三号在月心天球下的坐标。

已知背景：中国嫦娥三号着陆器于 2013 年 12 月 14 号着陆于月球虹湾区。2013 年 12 月 25 日，美国 LRO 探测器飞临 CE-3 着陆点上方，通过航拍获取了着陆器在月球平地球/平极坐标系下的坐标：（44.1214° N, 19.5116° W），高程为-2640 m（相对于 1737.4 km 月面）。

求取：2023 年 3 月 15 日 16:30:00 UTC 时刻，嫦娥三号在月心天球下的坐标。

步骤一：打开 NAIF 的在线计算工具 WebGeocalc（WGC，https://wgc. jpl. nasa. gov: 8443/ webgeocalc/#NewCalculation），如图 3.10 所示。

WebGeocalc

A Tool of the Navigation and Ancillary Information Facility
Version 2.7.1 (5280 N67 11-OCT-2023)

Calculation Menu

Available Calculations

Geometry Calculator

State Vector	Calculate the position and velocity of a target with respect to an observer.
Angular Separation	Calculate the angular separation between two targets as seen from an observer.
Angular Size	Calculate the angular size of a target as seen from an observer.
Frame Transformation	Calculate the transformation between two reference frames.
Illumination Angles	Calculate the emission, phase and incidence angles at a point on a target as seen from an observer.
Phase Angle	Calculate the phase angle defined by the centers of an illuminator, a target and an observer.
Pointing Direction	Calculate the pointing direction in a user specified reference frame.
Sub-solar Point	Calculate the sub-solar point on a target as seen from an observer.
Sub-observer Point	Calculate the sub-observer point on a target as seen from an observer.
Surface Intercept Point	Calculate the intercept point of a vector or vectors on a target as seen from an observer.
Tangent Point	Calculate the tangent point to a target, of a ray emanating from an observer.
Orbital Elements	Calculate the osculating elements of the orbit of a target body around a central body.

Geometric Event Finder

Position Finder	Find time intervals when a coordinate of an observer-target position vector satisfies a condition.
Angular Separation Finder	Find time intervals when the angle between two bodies, as seen by an observer, satisfies a condition.
Distance Finder	Find time intervals when the distance between a target and observer satisfies a condition.
Sub-point Finder	Find time intervals when a coordinate of the sub-observer point on a target satisfies a condition.
Occultation Finder	Find time intervals when an observer sees one target occulted by, or in transit across, another.
Surface Intercept Finder	Find time intervals when a coordinate of a surface intercept vector satisfies a condition.
Target in Field of View Finder	Find time intervals when a target intersects the space bounded by the field-of-view of an instrument.
Ray in Field of View Finder	Find time intervals when a specified ray is contained in the space bounded by an instrument's field-of-view.
Range Rate Finder	Find time intervals when the range rate between a target and observer satisfies a condition.
Phase Angle Finder	Find time intervals when the phase angle defined by the centers of an illuminator, target and observer satisfies a condition.
Illumination Angles Finder	Find time intervals when the illumination angles at a target surface point satisfy a condition.

Time Calculator

Time Conversion	Convert times from one time system or format to another.

图 3.10　SPICE 在线计算工具 WebGeocalc

步骤二：打开状态向量计算工具"State Vector"，依次输入嫦娥三号的平地球坐标、观测者"Observer"和输出坐标系统"Output Frame"，及输入时间"Input Time"，如图 3.11 所示。

步骤三：点击计算"Calculate"，WGC 将根据用户的输入和输出要求，后台调用 SPICE 系统，给出计算结果，即嫦娥三号在 2023 年 3 月 15 日 16:30:00 UTC 时刻月心天球下的坐标为 [244.785 197 89 km　668.485 682 59 km　1581.960 605 28 km　−0.003 236 95 km/s 0.000 670 41 km/s　0.000 217 57 km/s]，如图 3.11 所示，其计算原理在 3.2.2 小节中已给出，感兴趣的读者可自行编写程序与 WebGeocalc 的计算结果（图 3.12）进行对比。

WGC 计算工具还包括了几何计算器、几何事件查找工具和时间转换工具三大类，可以满足绝大多数用户的快速计算需求。NAIF 官方支持 C、Fortran、IDL、MATLAB 和 JNI 的接口调用 SPICE 库函数，第三方也开发了 Python 的接口，目前 NAIF 正在开发基于 C++11 的下一代 SPICE2.0 系统。SPICE 系统已广泛运用于 NASA、ESA、JAXA 等深空探测任务，读者可以编写计算机程序调用 SPICE 库函数开展更为复杂的计算和建模。

WebGeocalc

A Tool of the Navigation and Ancillary Information Facility
Version 2.7.1 (5280 N67 11-OCT-2023)

Calculation Menu

Calculation

Calculate the position and velocity of a target with respect to an observer ❓▶

Kernel selection: ⬛⬛⬛⬛⬛⬛⬛⬛⬛⬛ ▼ ❓▶

Target

Target type: ○ Object ● Point ❓▶

Target Position

Point type: ● Fixed point ○ Moving with constant Cartesian velocity ❓▶

Center: `MOON` ❓▶

Reference frame: `MOON_ME_DE421` ❓▶

Coordinate system: `Planetocentric` ▼ ❓▶

Point coordinates:
Lon: `-19.5116` deg
Lat: `44.1214` deg
R: `1734.76` km

Observer

Observer type: ● Object ○ Point ❓▶

Observer name: `MOON` ❓▶

Output Frame

Frame name: `J2000` ❓▶

Frame locus: ● Center ○ Observer ○ Target ❓▶

Aberration Correction

Light propagation: ● None ○ To observer ○ From observer ❓▶

Input Time

Time system: `UTC` ▼ ❓▶

Time format: `Calendar date and time` ▼ ❓▶

Input times: ● Single time ○ Single interval ○ List of times ○ List of intervals

Time: `2023-03-15T16:30:0.000` ❓▶

State Representation

Coordinate system: `Rectangular` ▼ ❓▶

Plots

Time series plots: ☐ Distance ☐ Speed ☐ X ☐ Y ☐ Z ☐ dX/dt ☐ dY/dt ☐ dZ/dt ❓▶

X-Y plots: X: `Distance` ▼ vs.Y: `Distance` ▼ `Add Plot`

Error handling: `Stop on error` ▼ ❓▶

Calculate

图 3.11 基于 WebGeocalc 的状态向量计算界面

Results

Download Results

Input Values

Calculation type	State Vector
Target type	Fixed point
Target center	MOON
Target reference frame	MOON_ME_DE421
Target position representation	Planetocentric
Target position	<Lon=-19.5116(deg), Lat=44.1214(deg), R=1734.76(km)>
Observer type	Object
Observer	MOON
Reference frame	J2000
Frame locus	CENTER
Light propagation	No correction
Time system	UTC
Time format	Calendar date and time
Input time	2023-03-15T16:30:0.000
State representation	Rectangular

Tabular Results

Click a value to save it for a subsequent calculation

	UTC calendar date	Distance (km)	Speed (km/s)	X (km)	Y (km)	Z (km)	dX/dt (km/s)	dY/dt (km/s)	dZ/dt (km/s)	Time at Target	Light Time (s)
1	2023-03-15 16:30:00.000000 UTC	1734.76000000	0.00331280	244.78519789	668.48568259	1581.96060528	-0.00323695	0.00067041	0.00021757	2023-03-15 16:30:00.000000 UTC	0.00578654

图 3.12　基于 WebGeocalc 的嫦娥三号着陆器月心天球计算结果

参 考 文 献

曹建峰, 2013. "嫦娥二号"平动点和小行星探测试验中的轨道计算. 上海: 中国科学院上海天文台.

叶茂, 2016. 月球探测器精密定轨软件研制与四程中继跟踪测量模式研究. 武汉: 武汉大学.

Archinal B A, A'Hearn M F, Bowell E, et al., 2011. Report of the IAU working group on cartographic coordinates and rotational elements: 2009. Celestial Mechanics and Dynamical Astronomy, 109(2): 101-135.

Archinal B A, Acton C H, A'hearn M F, et al., 2018. Report of the IAU working group on cartographic coordinates and rotational elements: 2015. Celestial Mechanics and Dynamical Astronomy, 130(3): 22.

Acton C, Bachman N, Semenov B, et al., 2018. A look towards the future in the handling of space science mission geometry. Planetary and Space Science, 150: 9-12.

Fairhead L, Bretagnon P, 1990. An analytical formula for the time transformation TB-TT. Astronomy and Astrophysics, 229(1): 240-247.

Fienga A, Deram P, Viswanathan V, et al., 2019. INPOP19a planetary ephemerides. Institut de mécanique céleste et de calcul des éphémérides, Lyon.

Folkner W M, Williams J G, Boggs D H, 2009. The planetary and lunar ephemeris DE421. Interplanetary Network Progress Report, 42(178): 1-34.

Folkner W M, Williams J G, Boggs D H, et al., 2014. The planetary and lunar ephemerides DE430 and DE431. Interplanetary Network Progress Report, 196: 1-81.

Fukushima T, 1995. Time ephemeris. Astronomy and Astrophysics, 294: 895-906.

Hilton J, Acton C, Arlot J E, et al., 2014. Report of the IAU Commission 4 Working Group on standardizing access to ephemerides and file format specification//Journ´ees2013 Systemes de Référence Spatio-Temporels, Observatoire de Paris: 265-266.

Konopliv A S, Asmar S W, Carranza E, et al., 2001. Recent gravity models as a result of the Lunar Prospector mission. Icarus, 150(1): 1-18.

Moyer T D, 1981. Transformation from proper time on earth to coordinate time in solar system barycentric space-time frame of reference, Part I. Celestial Mechanics, 23(1): 33-56.

Park R S, Folkner W M, Williams J G, et al., 2021. The JPL planetary and lunar ephemerides DE440 and DE441. The Astronomical Journal, 161(3): 105.

Pavlis D E, Nicholas J B, 2022. GEODYN Documentation, Goddard Earth Science Projects. https: //earth. gsfc. nasa. gov/geo/data/geodyn-documentation. [2022-02-09].

Petit G, Luzum B, 2010. IERS Conventions(2010). IERS Technical Note No. 36. Paderborn: Bonifatius Gmbh: 1-179.

Pitjeva E, Pavlov D, Aksim D, et al., 2019. Planetary and lunar ephemeris EPM2021 and its significance for Solar system research. Proceedings of the International Astronomical Union, 15(S364): 220-225.

Vallado D A, Seago J H, Seidelmann P K, 2006. Implementation issues surrounding the new IAU reference systems for astrodynamics. Advances in the Astronautical Sciences, 124(1): 515-534.

Yoder C F, Williams J G, Parke M E, 1981. Tidal variations of Earth rotation. Journal of Geophysical Research: Solid Earth, 86(B2): 881-891.

月面控制网及高程基准

大地测量基准一般可分为平面基准、高程基准和重力基准等。平面基准通过一组平面控制点来定义，在月球上通常以构建控制网予以体现；高程基准通常用一个物理的或几何的面来表达，并作为任意点高程的统一起算面。建立月面控制网和高程基准是月球大地测量的基础性工作。有效的月面控制网和高程基准在月球探测中的作用主要体现在：①为确定月球形状和月面制图提供精确控制；②为月面导航和定位提供准确的地理信息；③为研究月球形貌和地质特征提供必要的参照依据；④为未来月球基地建设提供基础性支撑。

本章介绍月球平面基准点的获取和月面控制网的建立过程，以及月球高程基准涉及的月球椭球和月球水准面的相关知识。

4.1 月面控制网

4.1.1 高精度月面控制点（网）的获取方法

月面控制网是月球测绘遥感制图和月球探测数据科学应用的空间定位基准和控制框架，具有重大的科学意义和工程价值。在地球上，为满足国民经济与国防建设的需求，大规模、高精度、多类别的地面控制点（网）可以借助多种测量技术进行建立和维持，比如水准观测、天文观测、卫星定位等技术。与地球不同，大规模月球就位测量尚无法开展。因此，现有的月面控制网是通过地对月观测或月球探测器观测建立起来的。目前，构建月面控制网的方法主要有三种，即月球激光测距法、无线电定位法和摄影测量法。

1. 月球激光测距法

月球激光测距（LLR）是一种使用地球上的激光测距仪向月面激光后向反射器发送激光脉冲，通过测量其往返时间而计算距离和位置的技术。LLR 被用以确定地球和月球之间的距离，是目前测量地月距离最精确的方法。美国的 Apollo 11 号、Apollo 14 号和 Apollo 15 号任务在月球上放置了三个激光反射器，苏联的 Luna-17 号和 Luna-21 号任务也分别设置了 Lunakhod 1 号和 Lunakhod 2 号两个激光反射器，5 个激光反射器在月面上的位置如图 4.1（Park et al.，2021）所示。经过五十多年科学技术的发展，LLR 测量精度从早期的 20 cm 提升至目前的毫米级别（Müller et al.，2019）。利用地面上的激光测月站，对月球进行激光测距，推算激光反射器所在点的月心坐标，其坐标如表 4.1 所示，绝对精度为厘米级。LLR 获得的 5 个点位之间相距 1000 km 左右，可以构建月球正面上点距为 1000 km 的基本控制网。由 LLR 方法获得的月面激光反射器点位坐标精度高，可靠性强；尽管数量有限，但可对后续建立的月面控制网进行绝对定位的精度评价。

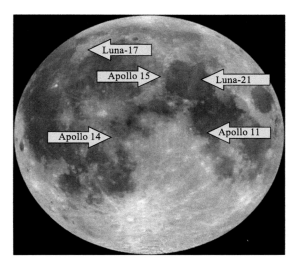

图 4.1　月面 5 个激光反射器位置

表 4.1　月面 5 个激光反射器在月固坐标系的精确坐标

激光反射器	笛卡儿坐标（DE430 PA 坐标系）			球坐标（DE430 PA 坐标系）		
	X/m	Y/m	Z/m	R/m	经度/（°）	纬度/（°）
Apollo 11	1 591 966.550	690 699.375	21 003.866	1 735 472.353	23.454 358 7	0.693 449 4
Apollo 14	1 652 689.504	−520 997.525	−109 730.417	1 736 335.734	−17.497 052 4	−3.623 309 8
Apollo 15	1 554 678.231	98 095.485	765 005.355	1 735 476.972	3.610 403 9	26.155 196 8
Luna-17	1 114 292.213	−781 298.510	1 076 058.872	1 734 928.585	−35.036 649 7	38.333 105 5
Luna-21	1 339 363.318	801 871.862	756 358.849	1 734 638.663	30.908 8010	25.851 012 3

2. 无线电定位法

　　所谓的无线电定位法是在月面放置无线电信标，通过测量地球跟踪站与无线电信标间的相对运动，从而获取信标的精确位置。上述 LLR 技术在测量月球的历表、自转、物理天平动和固体潮汐等方面发挥着关键作用，然而目前只有个别地面台站可以开展 LLR 观测，而且台站的恶劣天气、新月和满月还将显著地影响观测，甚至导致无法实施观测。无线电波段的观测技术可以规避这些缺点，观测持续性好，时间分辨率更高，这些信标源结合高精度的测速和测距观测，可以用来测量月球与地球之间的距离变化，并确定信标机的精确位置。

在美国发射的 Apollo 12、Apollo 14、Apollo 15、Apollo 16 和 Apollo 17 的航天任务中，均在月球表面上放置了一些无线电发射机。由地球上两个以上接收机对这些发射机的无线电信号进行同步观测，再基于干涉测量原理并结合接收机获取的相对位移得出发射机所在点的相对位置。最终，可以在月球正面上建立补充控制网。但是，无线电发射机由于是主动型的，在工作过程中需要源源不断的能量供给，所以其工作寿命相对较短。

嫦娥三号（CE-3）探测器于 2013 年 12 月 14 日成功实现了我国首次月球软着陆，在着陆器落月后 1 h 内，星上测距和差分单向测距（delta differential one-way ranging，ΔDOR）侧音信标打开，提供着陆器高精度定位所需的三向测量及甚长基线干涉测量（VLBI）观测数据。利用着陆器着陆后 1 h 喀什站为主站的三向测距数据和 VLBI 时延数据及 2 h VLBI 时延率数据进行着陆器定位，解算得到着陆器的经度、纬度及高程。相较于 NASA 的 LRO 航拍获取的结果，纬度方向距离差异为 24 m，经度方向距离差异为17 m，高程差异为 8 m，三维定位差异优于 50 m（黄勇 等，2014）。在嫦娥五号任务中，着陆上升组合体落月后，利用月面 48 h 实测数据，包括三向测量系统和 VLBI 系统的高精度月面基准测量，确定了着陆上升组合体的月面精确位置，坐标为（43.0594°N，51.9167°W），高程为-2550 m，与 LRO 图像数据差异为 60 m（黄磊 等，2021）。

通过上述无线电定位技术和图像定位方法获取的我国嫦娥系列着陆器的精确位置如表 4.2 所示，这些信息可为后续高精度的月面控制网建立提供相应参照。

表 4.2　嫦娥三号和嫦娥五号着陆器月面精确坐标（DE421 MER 坐标系）

着陆器	无线电定位方法			LRO 的图像定位方法		
	纬度/(°N)	经度/(°W)	高程/m	纬度/(°N)	经度/(°W)	高程/m
CE-03	44.1206	19.5124	-2632	44.1214	19.5116	-2640
CE-05	43.0594	51.9167	-2550	43.0576	51.9161	-2570

注：LRO 的 LROC 图像定位方法数据引自 http://lroc.sese.asu.edu/posts/1172，http://lroc.sese.asu.edu/posts/637

3. 摄影测量法

月面控制网的摄影测量法主要基于来自不同位置和角度的月球表面摄影图像来确定月球上特定地标的位置，具体步骤如下。

（1）获取立体图像：使用月球轨道探测器（LRO）从不同角度对月球表面进行摄影，以获取立体图像对。

（2）地标识别与选择：在立体图像中选择清晰可辨的地标，如大的撞击坑、山脉或其他独特的地形特征。这些地标应在多个图像中都能够识别，并且具有代表性和稳定性。

（3）立体测绘：使用两个或多个从不同视角拍摄的图像，通过摄影测量原理确定地标的三维坐标。

（4）坐标解算：利用已知的相机参数（如焦距、像元大小）和摄影几何，结合地标在各图像中的位置，使用三角测量法求解地标的三维坐标。这些坐标首先是相对于摄影坐标系统的，然后转换为月球坐标系统。

（5）建立初步控制网：整理所有测得的地标坐标，以建立一个初步的控制网。

（6）误差分析与校正：对初步控制网进行误差分析，考虑因素如镜头畸变、大气折射（对地球的观测）、探测器姿态不确定性等。基于其他独立数据源（如无线电定位、激光测距）进行校正和调整。

（7）生成最终控制网：经过误差校正和调整后，生成一个最终的、精确的月面控制网。

整个流程如图 4.2 所示。

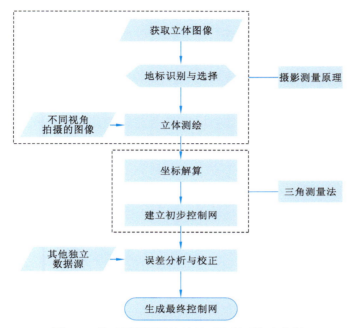

图 4.2 基于摄影测量法的月面控制网构建流程

4.1.2 月面控制网的发展及主要的月面控制网

月面控制网的发展经历了如下几个主要的阶段。

1. 统一月面控制网（1994）

1994 年，Davies 等（1994）对当时已知的各种月球影像资料和 LLR 数据进行整合处理得到了统一月面控制网（unified lunar control network，ULCN），实现了月面控制网的首次统一。这一工作不仅汇总了 Apollo、水手 10 号（Mariner 10）、Galileo 等不同任务获得的影像数据，还包括了从地球上拍摄的月球照片。ULCN 包括 1478 个控制点：304 个来自 Apollo 任务，911 个来自望远镜，63 个来自 Mariner 10 任务和 200 个来自 Galileo 任务，它们覆盖了月球的正面和背面。经过统计分析得出的这些控制点的平均半径为 1736.62 km。由于月球背面的控制点数量较少，所以远近月面控制网精度不一。然而，ULCN 的最大意义并不仅仅在于它的数量和精度，而是这个统一的控制网首次为研究者提供了一个统一、量化的月球地理参考框架。此前，由于月球上的数据来源分散，不同的研究者和机构很难进行数据整合和比对而导致没有一个确定性的基准。ULCN 的发布，正好解决了这一问题，为后续的月球研究打下了坚实的基础。

2. 克莱门汀月面控制网

1997 年，克莱门汀号飞行器的绕月数据为月面控制网的修正带来了革命性的进步。这一任务提供了大量高质量的月球影像，为月面控制网的更新和完善提供了宝贵的数据源。这些数据不仅增加了月面控制网的密度，还大大提高了其精度。1997 年，基于克莱门汀号飞行器更新的数据，新的克莱门汀月面控制网（Clementine lunar control network，CLCN）被构建（USGS，1997）。CLCN 的建立不仅仅是为了绘制一幅更精确的月球地图，还能够确定克莱门汀影像图的几何位置。此外，这些位置数据对科学研究也至关重要，因为它们为克莱门汀的紫外线-可见光（ultraviolet-visible）数字影像模型和近红外全月多光谱地图的建立提供了关键的地理参考。同时，兰德公司和美国地质调查局（United States Geological Survey，USGS）被授权为两个主要获取资料的机构，它们提供了完整的 CLCN 文件，供科学家进一步开展相关研究。

然而，正如许多创新项目一样，CLCN 并非没有挑战。研究者在深入探索中发现了一些令人担忧的偏差（Cook et al.，2002），他们注意到，由 JPL 的导航和辅助信息设备（NAIF）预先设置的 SPICE 定向信息与 CLCN 修订后确定的定向信息存在 13 km 的偏差。这种偏差的来源是复杂的，但从深入的分析中进一步发现，飞行器的位置造成的偏差相对较小，只有 0.6 km。更大的偏差，是由定向角度不精准引起的，达到了 8 km。尽管这些偏差给 CLCN 的使用带来了挑战，但同时也提供了一个改进和优化的机会。CLCN 是月球探索历史上的一个重要里程碑，提供了一个前所未有的详细和精确的月面地图。

3. 统一月面控制网（2005）

尽管，ULCN 1994 和 CLCN 1997 两个控制网都为月球测绘发挥着关键的作用，但同时也存在一些局限性和偏差。为了提高测绘的准确性，对 ULCN 1994 和 CLCN 1997 进行重新整合处理，建立了一个偏差相对较小的新的统一月面控制网 ULCN 2005（Archinal et al.，2006）。截至目前，ULCN 2005 是利用摄影测量方法和 LLR 数据完成的最大行星控制网，主要包括确定月球表面 272 931 个点的三维位置及基于 546 126 个已知点测量值校正 43 866 张克莱门汀图像的相机角度（Edwards，1996）。因此，获得的 ULCN 2005 统一控制网相比于 CLCN 1997 来说更加精确，应用更为广泛。

上述的控制网，可以通过 https://pubs.usgs.gov/of/2006/1367/网址进行查阅。

4.1.3 新一代月面控制网

随着人类对月球的探索和开发越来越深入，月面控制网的精度和复杂性需求也日益增加。在过去的几十年里，从 ULCN 1994 和 CLCN 1997 到 ULCN 2005，科研工作者已经完成了众多里程碑式工作。但是，这些控制网依然不能满足高精度月球探测的应用需求。例如，由于轨道及传感器存在各种各样的误差，以及月面上精确的控制点的稀少和月球背面控制点的缺乏，已获取的高分辨率遥感影像普遍存在几何定位不一致，以及与ULCN 2005 也存在较大的不一致等问题。因此，随着技术的进步和月球探索的新需求，为更好地支撑月球科学研究和后续的月球探测工程任务，构建新一代月面控制网十分必要且意义重大。技术操作流程如图 4.3 所示。

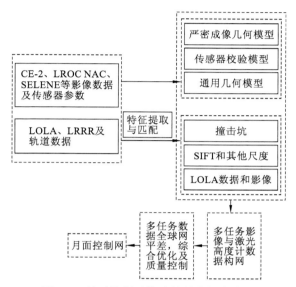

图 4.3 月面控制网构建的整体技术流程

引自邱凯昌等（2018）

LRRR 为月球激光测距反射器，lunar laser ranging retro-reflector

21 世纪是标志人类对太空（尤其是月球）探索的新时代。大量高精度、高分辨率的月球遥感影像和激光测高数据的获取给全新的月面控制网建立带来了契机，包括嫦娥系列、LRO 和 GRAIL 等新近多探测任务中收集的多源数据。关键技术主要包括轨道器影像的几何模型建立、多任务影像与激光高度计的数据整合、多重覆盖情况下最佳影像的选择，以及全球多任务数据的平差等。

在图 4.3 中涉及关键的多任务数据全球网平差，Wu 等（2014）提出一种处理同区域不同任务影像数据（嫦娥二号或 SELENE）的光束法平差，该方法基于 LOLA 高程约束下获取较优的平差效果。

对于嫦娥二号的立体影像，三维空间点 (X_p, Y_p, Z_p) 与其对应的像素 (x_p, y_p) 的对应关系如下（Wang，1990）：

$$\begin{cases} x_p = -f \dfrac{m_{11}(X_p - X_s) + m_{12}(Y_p - Y_s) + m_{13}(Z_p - Z_s)}{m_{31}(X_p - X_s) + m_{32}(Y_p - Y_s) + m_{33}(Z_p - Z_s)} \\ y_p = -f \dfrac{m_{21}(X_p - X_s) + m_{22}(Y_p - Y_s) + m_{23}(Z_p - Z_s)}{m_{31}(X_p - X_s) + m_{32}(Y_p - Y_s) + m_{33}(Z_p - Z_s)} \end{cases} \tag{4.1}$$

式中：(X_s, Y_s, Z_s) 为相机中心的坐标；f 为焦距；m_{ij} 为完全由三个旋转角度决定的旋转矩阵 (ξ, w, k)；变量 $(X_s, Y_s, Z_s, \xi, w, k)$ 为图像参数。

处理图像的过程中，使用的三项多项式如下：

$$\begin{cases} X_s(r) = a_0 + a_1 r + a_2 r^2 + a_3 r^3 \\ Y_s(r) = b_0 + b_1 r + b_2 r^2 + b_3 r^3 \\ Z_s(r) = c_0 + c_1 r + c_2 r^2 + c_3 r^3 \\ \xi(r) = d_0 + d_1 r + d_2 r^2 + d_3 r^3 \\ w(r) = e_0 + e_1 r + e_2 r^2 + e_3 r^3 \\ k(r) = f_0 + f_1 r + f_2 r^2 + f_3 r^3 \end{cases} \tag{4.2}$$

式中：r 为图像的行索引；$X_s(r)$、$Y_s(r)$、$Z_s(r)$、$\xi(r)$、$w(r)$ 和 $k(r)$ 为 r 行的图像参数；$a_i, b_i, c_i, d_i, e_i, f_i$ 为多项式的系数。结合式（4.1）和式（4.2），嫦娥二号的影像和 LOLA 数据重合区域平差方程可用如下矩阵形式表达（Wu et al.，2014）：

$$\begin{cases} V_1 = AX_1 - L_1, \quad P_1 \\ V_2 = BX_1 + CX_2 - L_2, \quad P_2 \\ V_3 = BX_1 + CX_3 - L_3, \quad P_3 \\ V_4 = DX_2 - L_4, \quad P_4 \\ V_5 = DX_1 - L_5, \quad P_5 \end{cases} \tag{4.3}$$

如式（4.3）所示，观测方程包括以上 5 种类型的观测方程，其中 P_i $(i=1,2,3,4,5)$ 表示每个观察的不同权重。基于最小二乘法，在每次迭代中，将改正值添加到未知参数，最终获得未知参数的精确值。

中国科学院空天信息创新研究院行星遥感团队以目前分辨率最高（0.5～2.5 m）并覆盖全球的 LROC NAC 影像为主要数据源，结合多源月球数据，构建了新一代月球全球控制网 LGCN2023（Lunar Global Control Network 2023）（邸凯昌 等，2023），并研制了全月 3 m 分辨率的数字正射影像图（digital orthophoto map，DOM）。通过选取 44 万余景 LROC NAC 高分辨率影像，以嫦娥二号 DEM、SLDEM 及 LOLA DEM 等融合的 DEM 为高程基准，突破影像几何模型构建、多重覆盖区影像择优、影像特征匹配自动选取连接点、全月分区自由网平差、全月分区间正射平差等关键技术，提高影像定位精度和相邻影像间定位的一致性，最终构建出新一代月球全球控制网 LGCN2023，其在全月范围内定位精度优于 35 m。利用月面 5 个角反射棱镜精确位置坐标进行绝对定位精度评价，并开展了分区影像平差的内符合精度和分块间的不一致性等综合分析。LGCN2023 的控制点数超过 150 万个，在精度和数量上都远优于 ULCN 2005。基于 LGCN2023 控制网生产出全月 3 m 的 DOM，是目前精度与分辨率最高的全月正射影像图产品。

新一代月球全球控制网 LGCN2023 和全月高分辨率 DOM 为月球科学研究和工程任务论证提供空间定位基准和基础图件，已经开始应用于载人探月及月球科研站科学目标论证、着陆区选址、形貌科学研究、巡视探测路径研究等。

4.2　月球高程基准

　　月球高程基准面是月面点高程的统一起算面，所有测量点位的高程都以这个面为零起算。在地球上，高程基准面一般通过大地水准面（或似大地水准面）进行定义。"大地水准面"一词由利斯廷（Listing）于 1873 年提出并用来代表地球的物理形状，解释为"与平均海水面重合并延伸到大陆内部的水准面"。理论上，大地水准面是假想海洋处于完全静止的平衡状态时海水面延伸到大陆地面以下所形成的闭合曲面，它是地球的一个重力等位面。以大地水准面作为高程基准面时，地面点到大地水准面的铅垂线距离为"正高"，又称为"绝对高程"或"海拔"。测定大地水准面的方法有多种，包括在地面、船舶和飞机上直接进行重力测量，或是通过天文方法和卫星导航系统结合水准测量以获取垂线偏差或大地水准面高，其所依据的原理是对重力测量数据进行积分的斯托克斯方法（Heiskanen and Moritz，1967）。进行大地水准面计算时，通常需要设定一个与地球形状最为接近的参考椭球体来计算地球的正常重力场。参考椭球体一般是由一定大小的椭圆绕其短轴旋转一周形成的旋转椭球体，可通过长半轴 a、短半轴 b、扁率 $f = (a-b)/a$ 和偏心率 $e = \sqrt{a^2 - b^2}/a$ 或 $e' = \sqrt{a^2 - b^2}/b$ 定义，常用的参考椭球体在直角坐标系中可以表示为

$$\frac{x^2 + y^2}{a^2} + \frac{z^2}{b^2} = 1 \tag{4.4}$$

　　参考椭球面是规则的数学曲面，可以作为计算卫星空间位置的高程基准。地面点到参考椭球面的法线距离为"大地高"，也称为"椭球高"。正高（H）和大地高（h）之间可以通过大地水准面差距进行相互换算：

$$h = H + N \tag{4.5}$$

式中：N 为大地水准面差距，是指大地水准面沿法线到参考椭球面的距离（图 4.4）。

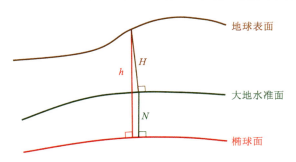

图 4.4　地球表面、大地水准面和椭球面高程系统示意图

　　月球没有海洋，但月球高程基准的确定一般也参考地球高程基准的定义，即建立月球水准面和相应的参考椭球面。理论上，月球水准面是一个具有物理属性的不规则曲面，与月球的质量分布有关；而参考椭球面则是一个与月球形状最为接近的规则数学表面。月球的扁率比地球要小得多（扁率仅为 0.0012），因此，在一定的精度条件下，月球的参考椭球被简化为具有平均半径的正球体，月球的高程基准面也以该具有平均半径的正

球体所替代。

值得注意的是，由于月球水准面与参考椭球面或具有月球平均半径的正球体之间的非完全重合性，在选定月球高程基准时，对于一些内部密度变化比较大的地区，如具有质量瘤分布的地区（该地区水准面的起伏相对大），仅使用参考椭球面或球面作为高程基准，可能出现几何高程低的地方的重力位比几何高程高的地方重力位还高，产生类似于地球上的"怪坡"现象。

4.2.1　月球水准面

与地球类似，理论上月球的高程基准也需要确定一个月球水准面作为高程的起算基准面（李斐 等，2022）。月球上没有海水，因此这个水准面不能通过平均海水面这一概念来加以说明和定义，但可以选取与月球表面最接近而又与月面所包围体积相等的一个重力等位面来确定月球水准面。月球重力位的球谐展开形式可以表述为

$$W = \frac{GM}{r}\sum_{n=0}^{\infty}\left(\frac{a}{r}\right)^n\sum_{m=0}^{n}P_{nm}\sin\phi(C_{nm}\cos m\lambda + S_{nm}\sin m\lambda) \tag{4.6}$$

式中：r 为月表上某点到月球质心的距离；a 为参考椭球的半长轴，在月球上一般取月球的平均半径 R_0；ϕ 和 λ 分别为大地经度和纬度；n 和 m 分别为展开的阶数和次数；P_{nm} 为缔合勒让德多项式；C_{nm} 和 S_{nm} 为球谐系数。应用式（4.6），只要选定了 $W = W_0$，就可以通过 W_0 获得相应的水准面。

从一系列重力等位面中选取月球水准面的过程并不简单。早期的月球探测非常有限，月面重力测量至今都难以有效实施。20 世纪 70 年代，曾经用 Apollo 11 号、Apollo 12 号登陆点得到的重力值计算得到重力位，将经过该点的等位面定义为月球大地水准面（Burša and Buchar，1971；Burša，1969）。然而，当时测得的月面重力值精度低和不确定性大，且仅用一两个点数据作为约束的方法局限性明显，与着陆点最佳符合的水准面虽然可视为与着陆点的地形相近，但可能与其他区域的自然地形相差甚远。为了解决这个问题，早期的月球研究者利用 Apollo 15 号～17 号飞船上携带的激光测高仪数据、影像数据，结合地基影像数据，用与月球的重力位球谐模型相似的形式，解算了一个 12 阶次的月球地形球谐模型（图 4.5），以该地形模型为基础，得到了与该地形模型平均半径最符合的月球水准面模型（Martinec and Pec，1988）。

随着月球探测技术的发展，更多的月球环绕器获取了更多的高精度和高分辨率月球地形数据，也为更高精度的月球水准面的建立提供了可能性。2009 年发射的月球勘测轨道飞行器（LRO），利用高分辨率广角和窄角照相机、激光高度计等对月球表面进行了观测，提供了一系列全月球地形模型。利用 LRO 获取的地形模型，结合高精度重力场模型，考虑地球引潮力和月球水准面外部质量影响，可以构建一个尽可能与月球几何表面贴近的水准面模型。例如，应用地形模型 LRO_LTM02 和重力场模型 CEGM02 解算的水准面模型中，月球正面 5 个主要月盆地区中间呈很高的正水准面异常，而地形又呈很低的盆地状，即所知的"质量瘤"（mascons）（丰海 等，2013）。

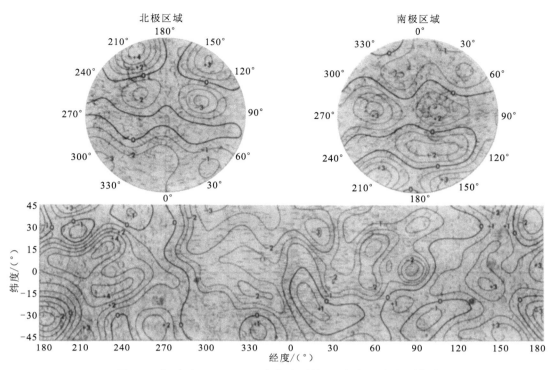

图 4.5　相对于 1737.53 km 参考球面的 12 阶次月球地形模型

地形高程单位为 km；实线表示等值线间距 1 km，虚线表示等值线间距为 0.5 km；修改自 Bills 和 Ferrari（1977）

　　月球水准面除了作为高程基准，也是描述重力场的一个重要表现形式，其全球形态反映了月球内部物质分布的不均匀性。月球水准面能与月震和激光测月等资料相结合，确定月球的主转动惯量和内部结构，更好地解释月球的起源与演化等科学问题。因此，解算月球水准面也具有重要的科学意义。

4.2.2　月球椭球

　　如前文所述，月球重力位的球谐展开表达式［式（4.6）］中，同样包含了参考椭球体的概念。由于月球的扁率仅为 0.0012，所以在近年来国内外月球探测任务中，大部分采用平均半径一定的正球体表面作为基准面。例如，全月球地形模型 GLD100、SLDEM2013、SLDEM2015、CE-1-LAM-DEM、CE-1-CCD-DEM 等，高程参考面采用半径为 1737.4 km 的正球体表面（李春来 等，2018，2010；Barker et al.，2016；Scholten et al.，2012），如图 4.6 所示。而全月球重力场球谐模型如 LP 系列、SGM 系列、GRGM 系列等，多采用 1738 km 作为参考半径 R_0（Goossens et al.，2016；Lemoine et al.，2014，2013；Mazarico et al.，2013；Konopliv et al.，2001）。

　　随着大地测量精度要求的进一步提高，月球扁率的影响会逐渐突出。月球自转会使其赤道部分隆起，而地月之间的引潮力又会使其在引潮力方向被拉长。因此，正球体和旋转椭球体已经难以准确地表述月球的真实形状，月球更倾向于成为三个轴长不同的三

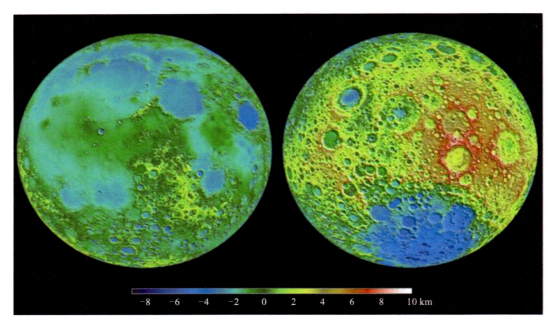

图 4.6　LRO 获取的月球地形图

以半径 1737.4 km 正球面作为高程基准

轴椭球体。高布锡（2008）曾利用月球天平动参数和主惯量矩 C，估算出了椭球体的三个半长轴。主惯量矩和月球质量 M_{M} 及平均半径 R_{M} 之间的关系为 $C = 0.3935 M_{\mathrm{M}} R_{\mathrm{M}}^2$，式中的系数 0.3935 与计算均匀密度椭球的惯量矩时所采用的系数 0.4 非常接近，因此可以判断月球密度的分布较为均匀，所以可将月球的三个主惯量矩 A、B、C 用三个半轴长 a、b、c 表示：

$$
\begin{cases}
A = \dfrac{0.3935 M_{\mathrm{M}}}{2}(b^2 + c^2) \\[2mm]
B = \dfrac{0.3935 M_{\mathrm{M}}}{2}(a^2 + c^2) \\[2mm]
C = \dfrac{0.3935 M_{\mathrm{M}}}{2}(a^2 + b^2)
\end{cases}
\tag{4.7}
$$

结合月球天平动参数 β 和 γ 与主惯量矩之间的关系：

$$
\begin{cases}
\beta = \dfrac{C - A}{B} = 6.31 \times 10^{-4} \\[2mm]
\gamma = \dfrac{B - A}{C} = 2.278 \times 10^{-4}
\end{cases}
\tag{4.8}
$$

通过三个主惯量矩，最终可求出三个半轴长 a、b、c，分别为 1737.729 km、1737.331 km 和 1736.625 km。由图 4.7 所示的三轴椭球体示意图可以看出，月球三个主轴的半轴长是不同的，其中指向地球方向的半轴长最大，而极向的半轴长最小。该结果反映了地球引力作用在地月连线方向产生的形变。三轴椭球体也可以用椭球谐函数进行表述，但由于定义和解算的复杂性，三轴椭球体目前还较少被用于月球大地测量中。

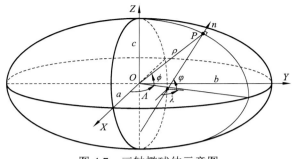

图 4.7　三轴椭球体示意图

引自 Florinsky（2018）

当仅考虑三轴椭球体与月球的真实形状最为接近时，可以得到简化的不具有物理意义的三轴几何椭球体作为月球的平均地形。早在 20 世纪 60 年代，只能局部获取月球影像和地形数据时，苏联科学家就通过在局部影像上选取的 1000 多个点位，根据分布位置将这些点位进行了多种分组排列，并使用最小二乘法粗略地解算出几组不同三轴椭球体的半轴长（表 4.3）。

表 4.3　三轴椭球体半轴长　　　　　　　　　　　　　　　　　（单位：km）

序号	a	b	c
1	1739.53±0.07	1736.72±0.05	1736.37±0.07
2	1738.44±0.07	1738.23±0.05	1735.95±0.07
3	1738.51±0.05	1737.59±0.07	1736.51±0.07
4	1738.51±0.05	1736.82±0.07	1737.31±0.07
5	1738.73±0.10	1736.58±0.07	1735.22±0.10
6	1738.32±0.07	1736.70±0.12	1735.47±0.10
7	1738.33±0.12	1735.78±0.07	1734.70±0.10
8	1738.30±0.07	1735.80±0.12	1736.42±0.10

注：修改自 Gavrilov（1968）

随着月球轨道器的发射，星载影像数据和激光高度计测距数据成为制作全月球地形图的两类最重要数据源。近 20 年来，美国的克莱门汀（Clementine）号、月球勘测轨道飞行器（LRO），日本的月亮女神号（SELENE/Kaguya）、中国的嫦娥系列卫星等月球环绕器，搭载了不同类型的相机和激光高度计对月球表面地形开展探测，获取了大量不同分辨率的地形数据。

1994 年发射的克莱门汀号探测器第一次成功完成了全月地形数据的获取，利用其搭载的激光高度计获取的 72 548 个测距值，制作了空间分辨率为 7.5 km 的数字高程模型，覆盖了 79°S～82.9°N 的月面区域。然而根据该高程模型解算出的椭球体并不能很好逼近实际观测数据（Smith et al., 1997）。根据克莱门汀号的测量数据可知，真实月球地形对应的主轴指向并非沿着地月连线而是向南极-艾特肯盆地偏移，因此当同时约束三轴指向进行椭球体的拟合时，解算结果并不能很好地符合探测器的实际观测值（Smith et al.，1997）。与克莱门汀号探测地形数据相比，中国嫦娥一号自主获取的激光测高数据，从覆盖范围、数据量、分辨率到精度都有了显著提高。到 2008 年 12 月，嫦娥一号已经获取了 900 万个激光测距数据，基本上覆盖了整个月球。基于这些观测数据和克莱门汀号探测的解算经验，在不约束三轴指向和椭球体中心的条件下，就可以利用最小二乘拟合得到与实际测量地形最佳逼近的三轴椭球体 CE-1-LAM-GEO 模型（Wang et al.，2010）（图 4.8），拟合模型如下：

$$\left(\frac{x-x_0}{a}\right)^2 + \left(\frac{y-y_0}{b}\right)^2 + \left(\frac{z-z_0}{c}\right)^2 - 1 = \min \tag{4.9}$$

式中：a、b、c 为三个半轴长；(x_0, y_0, z_0) 为三轴椭球体中心在质心坐标系中的坐标。

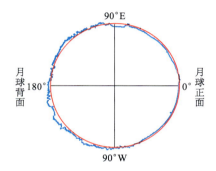

图 4.8　嫦娥一号测高地形估算的三轴椭球体及与真实地形在赤道面上的对比

实线为三轴椭球体，虚线为真实地形；高程放大 20 倍，修改自 Wang 等（2010）

表 4.4 列出了若干利用不同地形模型拟合得到的三轴椭球体及其主要参数。可以看出，由 SELENE 地形模型（STM359）拟合出的椭球体扁率最大，而由嫦娥一号测高地形数据得到的两组椭球（CE-1-LAM-GEO 和 CLTM-S01）的扁率都较小。其中 CE-1-LAM-GEO 的扁率最小，最接近正球体。之后随着 LRO 激光测高数据的发布，基于 LRO_LTM02 地形模型，月球三轴几何椭球体模型得到了进一步的更新，其扁率与嫦娥一号的拟合结果相似，都显示出接近正球体的特征（李蓉 等，2016）。

表 4.4　不同三轴几何椭球体的解算参数对比

项目	Clementine 模型	STM359	CE-1-LAM-GEO	CLTM-S01	LRO_LTM02
平均赤道半径/km	1738.139±0.065	1738.64	1737.632±0.007	1737.646±0.004	1737.7810
极半径/km	1735.972±0.2	1735.66	1735.847±0.006	1735.843±0.004	1735.9877
平均半径/km	1737.103±0.015	1737.15±0.01	1737.037±0.005	1737.013±0.002	1737.1833
形状扁率	1/809.5664	1/583.4362	1/973.463	1/963.7526	1/969.0409

注：数据引自李蓉等（2016）和 Wang 等（2010）

4.2.3　月球三轴水准椭球体

严格地说，作为计算高程和正常重力值的基准面，如果沿用地球上大地水准面的概念，则需要考虑其等位的性质。但是，以上所述的月球几何三轴椭球体只用来近似表达月球的自然形状，其表面并不是等位面。因此，若考虑等位的性质，则需引入三轴水准椭球体的概念。所谓三轴水准椭球体，是指与月球水准面最佳拟合并且具有相同的自转角速度的等位椭球体。它不仅能够作为几何基准面，同时也能作为物理基准面用于物理大地测量的领域。

三轴水准椭球体的解算需要以月球水准面的确定为前提。早在 20 世纪 70～80 年代，有学者就发表了一系列文章讨论了水准椭球体的计算方法（Burša，1989，1970，1969），将自然地形、水准面和三轴水准椭球体表示为球谐展开式：

$$\boldsymbol{\rho}_{\Sigma} = R_{\Sigma}\left[\sum_{n=0}^{N}\sum_{m=0}^{n}P_{nm}\sin\phi(C_{nm}\cos m\lambda + S_{nm}\sin m\lambda)\right]$$

$$\boldsymbol{\rho}_{S} = R_{S}\left[\sum_{n=0}^{N}\sum_{m=0}^{n}P_{nm}\sin\phi(A_{nm}\cos m\lambda + B_{nm}\sin m\lambda)\right] \qquad (4.10)$$

$$\boldsymbol{\rho}_{E} = R_{E}\left[\sum_{n=0}^{N}\sum_{m=0}^{n}P_{nm}\sin\phi(\alpha_{nm}\cos m\lambda + \beta_{nm}\sin m\lambda)\right]$$

式中：$\boldsymbol{\rho}_{\Sigma}$、$\boldsymbol{\rho}_{S}$、$\boldsymbol{\rho}_{E}$ 分别为自然地形、水准面和三轴水准椭球体在参考坐标系中的半径向量；R_{Σ}、R_{S}、R_{E} 为相应的标量系数；P_{nm} 为缔合勒让德多项式；C_{nm}、S_{nm}、A_{nm}、B_{nm} 均为球谐系数；ϕ 和 λ 分别为参考系中的经度、纬度。

根据统计分析得到的水准面 R_{S} 和平均地形 $\overline{\boldsymbol{\rho}_{\Sigma}}$ 的相关关系：

$$R_{S} = \overline{\boldsymbol{\rho}_{\Sigma}}\left(1 - \frac{\omega^{2}\overline{\boldsymbol{\rho}_{\Sigma}}^{3}}{3GM}\right) \qquad (4.11)$$

式中：ω 为月球自转角速度；G 为万有引力常量；M 为月球总质量。

为了获取最佳三轴水准椭球体，即使椭球面与水准面的对应点位之间的径向向量之差的平方和达到最小，利用最小二乘法进行解算：

$$\int_{S}(\boldsymbol{\rho}_{S} - \boldsymbol{\rho}_{E})^{2}\mathrm{d}s = \min \qquad (4.12)$$

其解算流程可用图 4.9 简要表述。

图 4.9　三轴水准椭球体解算流程

根据这个计算流程，利用重力场模型，即可解算出月球三轴水准椭球体模型的三个半轴长、两个偏心率及子午线的指向（表 4.5）。

表 4.5　不同三轴水准椭球体的解算参数对比

| 项目 | 椭球体半轴长 | | | 赤道偏心率的平方 $e^2/(\times10^{-3})$ | 极偏心率的平方 $e_1^2/(\times10^{-3})$ | 子午面指向 Λ |
	a/km	b/km	c/km			
CE-1-LAM-LEVEL	1737.7025	1737.5638	1736.9339	0.159 673 60	0.884 409 35	46.916 553″
李蓉等（2016）	1737.4609	1737.2076	1736.7877	0.2916	0.7748	−0.7158″

应用最新的 GRGM 1200A 重力场模型，Cziráki 和 Timár（2023）开发出简化拟合旋转水准椭球体的方案。先应用该模型解算月球水准面模型[（图 4.10（a）]，然后，选取 100～100 000 个斐波那契点构成格网，采用最小二乘方法拟合出不同的旋转水准椭球体，通过对比选出最佳旋转椭球体的长半轴为 1737.5766 km，短半轴为 1737.0468 km，扁率为 0.000 305，并根据 GRGM 1200A 水准面解算出相应的大地水准面差距[图 4.10（b）]。

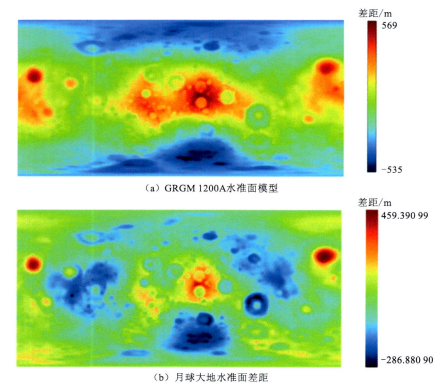

（a）GRGM 1200A水准面模型

（b）月球大地水准面差距

图 4.10　月球水准面模型及大地水准面差距

引自 Cziráki 和 Timár（2023）

目前重力场和地形模型本身的精度和分辨率仍十分有限，以此为基础解算的水准面精度问题还未凸显。但随着重力场精度的提高及研究内容的深入，例如月球内部构造物理解释、建立月球基地与月基飞行器发射、月球资源开发等，合理严密的月球大地水准面模型必不可少。随着我国探月工程的日益开展，对高精度月球水准面的需求也愈发强烈。我国已规划于月球表面开展重力测量的试验任务，通过加入更多的月面实测重力值，月球水准面精度及参考椭球体的精度都将会得到质的飞跃。

4.2.4 月球质心与形心的偏移

月球的质量分布决定了月球质心的位置，也直接影响月球水准面的形状；而月球的形心只由月球的几何形状所决定。月球环绕器在以月球的质心为原点的引力场控制下运行，而月球的形心则由探测器携带的遥感载荷测量得到。因此，绕月卫星的精密定轨需要以月球质心为原点的坐标系予以描述，而对月球形貌的测图与制图则与月球的形状中心密切相关。月球正背面的显著质量分布不均匀必然会造成其形心和质心之间存在一定的偏移（图4.11）。研究并准确获取月球质心与形心之间的偏移量，对构建更加精确合理的月球坐标系和高程基准具有重要意义。

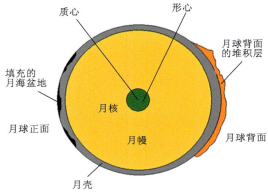

图 4.11　月球的二分性与形心的偏移

引自高布锡（2016）

月球质心可通过月面重力测量或空间大地测量等进行确定。月球表面的重力分布公式可表达为

$$g(\rho,\phi,\lambda) = \frac{GM}{\rho^2} + \delta g(R,\phi,\lambda) \tag{4.13}$$

式中：$\delta g(R,\phi,\lambda)$ 可写为与重力位表达式（4.6）相似的球谐展开形式，即

$$\delta g(R,\phi,\lambda) = \frac{GM}{R^2}\left(\sum_{n=2}^{N}\sum_{m=0}^{n}P_{nm}\sin\phi[C_{nm}\cos m\lambda + S_{nm}\sin m\lambda]\right) \tag{4.14}$$

重力异常部分是实际重力场与规则形状和密度的正常重力场之差，因此可通过月球表面的实际重力测量值 $g(\rho,\phi,\lambda)$，求出月球表面观测点与月球质心的距离：

$$\rho^2 = \frac{GM}{g(\rho,\phi,\lambda) - \delta g} \tag{4.15}$$

根据重力观测点在天球参考系或地球参考系中的坐标，可进一步解算出月球质心的坐标。然而迄今的月球探测任务尚无法在月球表面进行大范围的直接重力测量，限制了该方法的应用。

当月球的密度均匀分布时，其形状中心也与质量中心重合。国内外月球卫星迄今已获取覆盖全月的地形测量数据，根据质心坐标系下的月面测量值 (x,y,z)，可通过积分解算出月球形心在质心坐标系下的坐标 (X_0,Y_0,Z_0)：

$$X_0 = \frac{\iiint x \mathrm{d}\Omega}{\iiint \mathrm{d}\Omega}, \quad Y_0 = \frac{\iiint y \mathrm{d}\Omega}{\iiint \mathrm{d}\Omega}, \quad Z_0 = \frac{\iiint z \mathrm{d}\Omega}{\iiint \mathrm{d}\Omega} \tag{4.16}$$

式中：$\mathrm{d}\Omega$ 为体积元，$\mathrm{d}\Omega = \mathrm{d}x\mathrm{d}y\mathrm{d}z$。

更普遍的简化方法是利用较为规则的几何形状，如正球面、旋转椭球面、球谐形式的曲面等来拟合月球的自然表面，并选择适当的约束条件，例如使几何面与自然表面的对应点位之间的径向向量之差的平方和最小，来达到与自然表面最佳拟合的目的，并以规则几何面的中心来代替月球的形心。这也是本章使用的确定月球行星的方法。

为了确定月球质心与形心之间的差别，一般的做法是利用求取月球三轴几何椭球的公式 [式（4.9）]，确定三轴几何椭球体（与月球形状最为接近）中心在质心坐标系中的坐标，进而计算出月球形心在质心坐标系中的偏移量：

$$D_{\text{COM-COF}} = \sqrt{x_0^2 + y_0^2 + z_0^2} \tag{4.17}$$

式中：x_0、y_0、z_0 为形心在质心坐标系三个方向上的分量；$D_{\text{COM-COF}}$ 为总偏移量。

实际上，上述方法仍然存在不准确性。因为三轴几何椭球体虽然与月球形状很接近，但还是有差别。因此，三轴椭球体的中心与月球的实际形状中心并不完全一致，仅在一定精度要求下可以不考虑这种非一致性。更为精确的做法是应用绕月卫星测高数据获取的精确数字高程模型直接解算出月球的形状及其形状中心，再通过式（4.17）的形式计算出更为准确的质心与形心之间的偏移量。

质心与形心偏移这一现象最早发现于 20 世纪 70 年代（Sjogren and Wollenhaupt，1976；Kaula et al.，1974），1994 年发射的克莱门汀号探测器的激光测高数据揭示出更多细节：质心与形心的偏移并不是沿着地月质心的连线方向，而是存在一个约 25° 的偏移角（Zuber et al.，1994）。更直观地，如果把这些激光测高点按经度投影在赤道面上，就会明显看出形心在 205°E 的方位上存在约 1.9 km 的偏移量（图 4.12）。

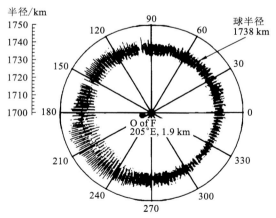

图 4.12　按经度分布的克莱门汀号测高数据点和质心与形心的偏移
引自 Smith 等（1997）

表 4.6 列出了利用不同地形模型得到的几何椭球体的形心在质心坐标系中的坐标和形心在质心坐标系中的偏移量。概括来说，月球的形心在质心坐标系中的方向矢量指向远月面的南极-艾特肯盆地（SPA），总偏移量不超过 2 km。

表 4.6　不同模型解算的质心与形心偏移 $D_{\text{COM-COF}}$

项目	Clementine 模型	STM359	CE-1-LAM-GEO	CLTM-S01	LRO_LTM02	LRO_2050_SHA
形心在质心坐标系中的三个分量/km	−1.74, −0.75, 0.27	−1.772, −0.731, 0.239	−1.530, −0.694, 0.227	−1.777, −0.730, 0.237	−1.5275, −0.6932, 0.2305	−1.7756, −0.7311, 0.2396
$D_{\text{COM-COF}}$/km	1.9139	1.9317	1.6953	1.9357	1.6932	1.9351

注: 数据引自 Smith 等（2017）、李蓉等（2016）及 Wang 等（2010）

参 考 文 献

邸凯昌, 刘斌, 彭嫚, 等, 2018. 利用多探测任务数据建立新一代月球全球控制网的方案与关键技术. 武汉大学学报(信息科学版), 43(12): 2099.

邸凯昌, 刘斌, 刘召芹, 等, 2023. 新一代月球控制网的构建与应用. 珠海: 2023 中国地球科学联合学术年会.

丰海, 李建成, 李大炜, 等, 2013. 新的月球大地水准面模型与参考三轴水准椭球. 大地测量与地球动力学, 33(4): 133-136.

高布锡, 2008. 对月球形状的估算. 天文学报, 49: 425-433.

高布锡, 2016. 月球的双面结构以及形心相对于质心的偏离. 自然科学, 4(3): 354-358.

郝卫峰, 叶茂, 鄂建国, 等, 2021. 月球和地球正常重力特征差异及成因探讨. 地球物理学报, 64(7): 2417-2425.

黄磊, 樊敏, 李培佳, 等, 2021. 月面起飞基准高精度标定技术应用与嫦娥五号任务验证. 中国科学(物理学 力学 天文学), 51(11): 74-82

黄勇, 昌胜骐, 李培佳, 等, 2014. "嫦娥三号"月球探测器的轨道确定和月面定位. 科学通报, 59: 2268-2277.

李春来, 刘建军, 任鑫, 等, 2018. 基于嫦娥二号立体影像的全月高精度地形重建. 武汉大学学报(信息科学版), 43(4): 485-495.

李春来, 任鑫, 刘建军, 等, 2010. 嫦娥一号激光测距数据及全月球 DEM 模型. 中国科学(D 辑), 40(3): 281-293.

李斐, 郑翀, 叶茂, 等, 2022. 月球形状及其重力场. 测绘学报, 51(6): 897-908.

李蓉, 李斐, 鄂建国, 等, 2016. 基于 LRO 测高数据和 GRAIL 重力数据解算的月球三轴椭球体模型. 测绘地理信息, 41(3): 8-11.

王谦身, 张赤军, 周文虎, 等, 1995. 微重力测量: 理论、方法与应用. 北京: 科学出版社.

张承志, 1993. 月球的力学形状以及月球物理参数的研究. 南京大学学报, 29(4): 569-570.

张承志, 沈玫, 1988. 月球的形状及其物理参数. 天文学进展, 6(2): 150-160.

Archinal B A, Rosiek M R, Kirk R L, et al., 2006. The Unified Lunar Control Network. http: //pubs. usgs. gov/of/2006/1367/ULCN2005-OpenFile. pdf. [2023-11-12].

Barker M K, Mazaricob E, Neumann G A, et al., 2016. A new lunar digital elevation model from the Lunar Orbiter Laser Altimeter and SELENE Terrain Camera. Icarus, 273: 346-355.

Bills B G, Ferrari A J, 1977. A harmonic analysis of lunar topography. Icarus, 31(2): 244-259.

Burša M, 1969. Potential of the geoidal surface, the scale factor for lengths and Earth's figure parameters from satellite observations. Studia Geophysica et Geodaetica, 13(4): 337-358.

Burša M, 1970. Best-fitting triaxial Earth ellipsoid parameters derived from satellite observations. Studia Geophysica et Geodaetica, 14(1): 1-9.

Burša M, 1989. Dimension parameters of the Moon, Mars and Venus. Bulletin of the Astronomical Institutes of Czechoslovakia, 40: 284-288.

Burša M, Buchar E, 1971. Determination of the parameters of a selenocentric reference system and the deflections of the vertical at the lunar surface. Studia Geophysica et Geodaetica, 15(3): 210-227.

Cook A C, Robinson M S, Semenov B, et al., 2002. Preliminary analysis of the absolute cartographic accuracy of the Clementine UVVIS//American Geophysical Union Fall Meeting Abstract, Mosaics: P22D-09.

Cziráki K, Timár G, 2023. Parameters of the best fitting lunar ellipsoid based on GRAIL's selenoid model. Acta Geodaetica et Geophysica, 58(2): 139-147.

Davies M E, Colvin T R, Meyer D L, et al., 1994. The unified lunar control network: 1994 version. Journal of Geophysical Research Planets, 99(E11): 23211-23214.

Edwards K E, 1996. Global Digital Mapping of the Moon//The 27th Annual Lunar and Planetary Science Conference, Houston: 335.

Florinsky I V, 2018. Geomorphometry on the surface of a triaxial ellipsoid: Towards the solution of the problem, International Journal of Geographical Information Science, 32(8): 1558-1571.

Gavrilov I V, 1968. The geometric figure and dimensions of the Moon. Soviet Astronomy, 12: 319.

Goossens S, Lemoine F G, Sabaka T J, et al., 2016. A global degree and order 1200 model of the lunar gravity field using GRAIL mission data//The 47th Annual Lunar and Planetary Science Conference, Houston: 1484.

Heiskanen W A, Moritz H, 1967. Physical geodesy. Bulletin Géodésique, 86(1): 491-492.

Kaula W M, Schubert G, Lingenfelter R E, et al., 1974. Apollo laser altimetry and inferences as to lunar surface structure//5th Lunar and Planetary Science, Houston: 3049-3058.

Konopliv A S, Asmar S W, Carranza E, et al., 2001. Recent gravity models as a result of the Lunar prospect mission. Icarus, 150: 1-18.

Lemoine F G, Goossens S, Sabaka T J, et al., 2013. High degree gravity models from GRAIL primary mission data. Journal of Geophysical Research: Planets, 118(8): 1676-1698.

Lemoine F G, Goossens S, Sabaka T J, et al., 2014. GRGM900C: A degree 900 lunar gravity model from GRAIL primary and extended mission data. Geophysical Research Letters, 41(10): 3382-3389.

Martinec Z, Pec K, 1988. A determination of the parameters of the level surface of lunar gravity. Earth, Moon, and Planets, 43(1): 21-31.

Mazarico E, Goossens S, Lemoine F, et al., 2013. Improved precision orbit determination of Lunar Orbiters from the GRAIL-derived lunar gravity models//23rd AAS/AIAA space flight mechanics meeting, Hawaii: 13-274.

Mikhailov A A, 1966. Gravitational force and the Moon's figure. Soviet Astronomy, 9(5): 819-823.

Müller J, Murphy T W, Schreiber U, et al., 2019. Lunar Laser Ranging: A tool for general relativity, lunar geophysics and Earth science. Journal of Geodesy, 93(11): 2195-2210.

Park R S, Folkner W M, Williams J G, et al., 2021. The JPL planetary and lunar ephemerides DE440 and DE441. The Astronomical Journal, 161(3): 105.

Scholten F, Oberst J, Matz K D, et al., 2012. GLD100: The near-global lunar 100 m raster DTM from LROC WAC stereo image data. Journal of Geophysical Research: Planets, 117 (E12): E00H17.

Sjogren W L, Wollenhaupt W R, 1976. Lunar global figure from mare surface elevations. The Moon, 15(1): 143-154.

Smith D E, Zuber M T, Neumann G A, et al., 1997. Topography of the Moon from the clementine lidar. Journal of Geophysical Research: Planets, 102(E1): 1591-1611.

Smith D E, Zuber M T, Neumann G A, et al., 2017. Summary of the results from the lunar orbiter laser altimeter after seven years in lunar orbit. Icarus, 283: 70-91.

USGS, 2004. Clementine Lunar Control Network 1997. NASA PDS. https: //astrogeology. usgs. gov/maps/ control-networks/moon. [2023-07-06].

USGS, 1997, Clementine Basemap Mosaic, USA_NASA_PDS_CL_30xx, NASA Planetary Data System. [2023-09-26].

Vanicek P, Christou N T, 1993. Geoid and its Geophysical Interpretations. Boca Raton: CRC Press.

Wang W R, Li F, Liu J J, et al., 2010. Triaxial ellipsoid models of the Moon based on the laser altimetry data of Chang'E-1. Science China Earth Sciences, 53(11): 1594-1601.

Wang Z Z, 1990. Principles of Photogrammetry (with Remote Sensing). Wuhan: Press of Wuhan Technical University of Surveying and Mapping.

Wu B, Hu H, Guo J, 2014. Integration of Chang'E-2 imagery and LRO laser altimeter data with a combined block adjustment for precision lunar topographic modeling. Earth and Planetary Science Letters, 391: 1-15.

Zuber M T, Smith D E, Lemoine F G, et al., 1994. The shape and internal structure of the Moon from the Clementine mission. Science, 266(5192): 1839-1843.

<table>
<tr><td>第
5
章</td><td style="text-align:center"># 月球数字地形模型</td></tr>
</table>

数字地形模型（digital terrain model，DTM）是地形表面形态属性信息的数字化表达，具有空间位置特征和地形属性特征。构建月球数字地形模型是月球大地测量的主要研究内容和重要目标，也是保障月球就位探测成功实施的重要保证。

数字高程模型（DEM）是数字地形模型的主要组成部分，其地形属性特征主要指高程信息。月球上没有人类活动、没有江河湖海、没有植被覆盖，地形和地物特征比较单一，坡度、坡向、坡面曲率和范围等信息都可以通过数字高程模型计算得到，因此本章所指的月球数字地形模型主要指月球数字高程模型及由此衍生的地形属性模型。通过使用激光高度计、雷达测距、遥感影像等多种测量数据，能够直接或间接提供月球表面高程、坡度和地形特征等信息。

本章首先从观测技术发展角度出发，将月球数字地形模型的发展分为地基观测阶段、早期月球卫星地形数据获取阶段和新近月球高分辨率地形遥感观测阶段三个阶段，依次介绍各个阶段月球数字地形模型发展的代表性成果。在此基础上，详细阐述月球 DEM 建模的两种主要数据源及数据处理方法，即月球卫星激光高度计数据和线阵影像数据的处理策略。美国月球勘测轨道飞行器（LRO）获取的卫星测高和影像数据是当前精度和分辨率最高的数据，后续数据处理及应用方面的论述主要以其为对象。

5.1 月球数字地形模型的研究意义和作用

精确的月球数字地形模型能够揭示月球地壳的形态、结构和演化历史，对人类探索和理解月球表面的特征和演化过程具有重要意义，同时为月球科学研究和登月任务提供关键信息。月球数字地形模型的作用具体体现在以下几个方面。

（1）月球数字地形模型可以提供关于撞击事件的线索。月球表面存在大量的撞击坑，它们记录了过去数十亿年来频繁的天体碰撞。通过数字地形模型分析撞击坑的形态、大小和分布，可以推断出月球的撞击历史，进而揭示月球的起源和演化过程。

（2）月球数字地形模型对认识月球的火山活动至关重要。月球上存在许多火山口、火山喷发构造和火山平原，通过研究这些地形特征的分布和形态可以了解月球的火山喷发规模、频率和类型，进而推断出月球的火山活动和地质演化过程，揭示月球表面的火山活动历史。

（3）月球数字地形模型可以帮助确定月球的地壳构造。通过分析月球表面的地形特征，可以了解月球地壳的构造和变形过程，如山脉、峡谷和断裂带等。

（4）月球数字地形模型对人类的月球探测和资源利用起着关键作用。精细的月球数字地形模型能够提供详细的地形信息和地貌特征，是月面光照和通信条件仿真模拟及着陆区选择和路径规划的基础数据，对人类评估月面潜在探索区域的安全性、可行性和科学价值具有重要作用。

（5）结合月球数字地形模型和机器学习技术，可以创建虚拟实境模拟，为航天员提供在月球表面的真实体验，帮助航天员熟悉月球地貌、重力环境及执行任务的技巧和流程，同时，可以训练机器人和巡视探测器实现自主导航和控制。

5.2　月球数字地形模型的发展历程

月球探测计划所收集的月球形貌探测数据为地形模型的构建提供了基础数据。基于月球探测数据和相关数据处理技术，已经制作了大量的全月球及区域的影像拼图、正射影像图和数字高程模型等地形产品。空间分辨率和精度是评价月球地形模型质量的两个关键指标，根据这两个指标的逐步精化历程，月球地形模型的认识过程有三个代表性的突破，即早期地基观测获取的月球正面地形轮廓、低分辨率和低精度地形的初步认识及全月面高精度精细尺度地形模型的建立。从观测技术发展角度出发，也对应于观测技术发展的三个阶段，分别是：地基观测阶段、早期月球卫星地形数据获取阶段和新近月球高分辨率地形遥感观测阶段。

1. 地基观测阶段：月球正面地形轮廓

最早人们只能通过肉眼观测来描绘月球的地形样貌。直到 1609 年，伽利略发明了第一台天文望远镜，通过光学观测构建了早期的月球地形模型（图 5.1），初步识别出月球表面亮区（月陆）及暗区（月海）的地形特征并认识到大量分布的圆形洼地（撞击坑）是月球表面的主要特征。

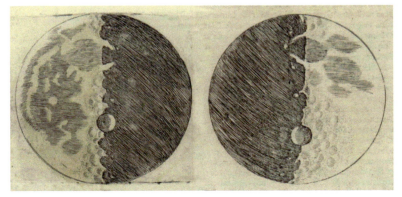

图 5.1　伽利略通过自制天文望远镜观测的月球正面素描图

引自 Galileo（1989）

地基干涉雷达早在 1969 年就被用于从地球上观测金星，1972 年该技术也被用于观测月球的地形，并首次获得了较为精细的月球地形模型。雷达测量月球地形的方法主要是利用地面干涉测量射电望远镜接收月面雷达波的反射信号，将观测的两组数据进行干涉处理获得月面地形三维数据。雷达测月是主动观测技术，有效填补了没有光学摄影区域的数据空白。但地基光学测月、雷达干涉测月易受地球大气层的影响，且由于月球的自转和公转周期相当，地基测月仅能获得面向地球一面的概略月面地形模型。图 5.2 展示了利用美国阿雷西博天文台地基干涉雷达观测的月球地形，可以看出，早期的地基观测局限于月球正面，且得到的区域性地形模型的绝对精度及空间分辨率均较差。

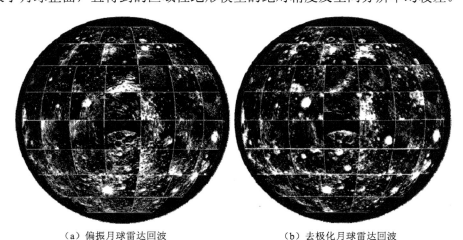

（a）偏振月球雷达回波　　　　　　　　（b）去极化月球雷达回波

图 5.2　70 cm 波长的偏振月球雷达回波和去极化月球雷达回波的照片镶嵌图

引自 Thompson（1974）

2. 早期月球卫星地形数据获取阶段：全月球地形地貌的初步认识（1958～1976 年）

随着空间技术的发展，美国和苏联开展了太空竞争。1958～1976 年，美国和苏联成功发射了大量的探测器，实现了绕月探测、着陆探测、采样返回、载人登月等任务，获取了大量月球探测数据，进一步深化了对月球地形模型的认识，尤其是获取了全月球的地形地貌特征。

1959 年，苏联发射的 Luna-3 号探月卫星首次成功实现了绕月飞行，获取了月球背面影像数据，标志着人类近距离对全月科学探索的开始。1961～1965 年，美国的徘徊者（Ranger）探月项目在即将硬着陆到月面之前获取了月面影像，其中 Ranger 7 号航天器摄影高度为 600 m，影像分辨率达到 30 cm，比当时地基获取的地形模型分辨率高 1000 倍，也为后续阿波罗计划着陆区的选取提供了参考，Ranger 7 号航天器拍摄的第一张月面影像如图 5.3 所示。1966～1968 年，美国的勘测者（Surveyor）航天器实现了月面的软着陆，共获取了超过 38 万帧的月面高质量影像。同时，1966 年 8 月～1967 年 8 月，美国共发射 5 颗月球轨道环形器（lunar orbiter），其中 3 颗围绕赤道飞行、2 颗围绕极地飞行，其拍摄的影像几乎覆盖了全月。基于这些数据构建了平均分辨率约为 60 m 但并不完整的月球地形模型。1968~1972 年，美国发射的阿波罗（Apollo）卫星有 6 次成功登月。Apollo 11 号、Apollo 14 号、Apollo 15 号相继在月球表面安置了 3 个激光反射器，加之苏联的 Luna-17 号和 Luna-21 号安置的 Lunakhod 1 号和 Lunakhod 2 号激光反射器共构建了 5 个月球表面控制点。Apollo 15 号、Apollo 16 号、Apollo 17 号探测器搭载的使用闪光灯泵浦的红宝石激光器（lashlamp-pumped ruby laser）激光测高仪，测量的高程精度达到了 400 m。由于卫星的轨道倾角较小，仅将数据覆盖至月球±26° 纬度的范围，且其地形模型并未将数据归算到月球质心参考框架（Kaula et al.，1974）。

图 5.3   Ranger 7 获取的第一张月面影像
来源于 https://www.nasa.gov/image-article/ranger-7-snaps-the-moon/

3. 新近月球高分辨率地形遥感观测阶段：全月面高精度精细尺度地形模型（1994 年至今）

1989 年，美国宣布重返月球。1994 年，美国发射了克莱门汀（Clementine）号月球探测器，利用其搭载的激光高度计对月球表面进行了为期两个月的全球尺度高程测量，共得到 79° S~81° N 区域范围内 72 548 个有效激光点数据，基于该测高数据构建的全月地形模型 GLTM2 的空间分辨率约为 2.5°（约 75 km），径向精度约为 130 m，但由于缺乏南北极等区域数据，采用摄影的方法来填补相应的地形数据（Smith et al.，1997；Zuber et al.，1994）。Clementine 号月球探测器上还搭载了紫外和可见光（ultraviolet-visible，UV-Vis）波段相机，利用其立体影像数据，制作了空间分辨为 1 km 的月球两极的 DEM（Cook et al.，2000）。基于 Clementine 数据构建的月球地形模型仍然较为模糊，月球背面尤其突出。此后，在月面控制点的支持下，基于 43 866 幅 Clementine 影像及包括阿波罗时期在内的历史影像，采用摄影测量区域网平差的方法逐步构建了目前国际上最通用的月球全球控制网 ULCN 2005，其水平精度为 100 m 至上千米，垂直精度约为 100 m（Archinal et al.，2006）。

21 世纪以来，中国、美国、欧洲空间局、日本及印度等国或组织又发射了一系列探月卫星，获得了更为丰富的月面数据。

2007年，中国第一颗探月卫星嫦娥一号（CE-1）成功发射，搭载了立体相机和激光高度计（laser altimeter，LAM）。利用LAM获取的约912万个测高数据，获得了当时精度最高、分辨率最佳的地形模型（Hu et al.，2013；Li et al.，2010a；蔡占川 等，2010；平劲松 等，2008）。虽然，受轨道角度的限制，在大于88.2°的两极极点附近仍然未能采集到激光测高数据，但该模型还是包含了更多接近月球南北极区域的高精度地形信息，对月球表面最高点及最低点也都给出了更为精确的高程值和位置。此外，利用其立体影像数据制作了分辨率为500 m的全月DEM（Li et al.，2010b）。2010年，中国发射了第二颗绕月探测卫星嫦娥二号（CE-2），其上搭载了两线阵立体相机，利用该相机获取的384轨立体影像数据构建了月球86.6°S～86.6°N范围的7 m、20 m和50 m分辨率的DEM（李春来 等，2018），在空间分辨率和数据连续性等方面有了进一步的提高。

日本2007年发射的月亮女神（SELENE/Kaguya）探月卫星搭载了LALT，使用LALT获取了约670万个测高点数据，构建了分辨率为0.0625°的全月DEM（Araki et al.，2013，2009）。其上搭载的地形相机（terrain camera，TC）在100 km轨道高度对全月进行了分辨率为10 m的高分辨率立体成像。通过对多轨道影像间的偏移进行改正，获取的镶嵌影像数据制作的地形产品分辨率达到7.4 m（Haruyama et al.，2012）。

2009年，美国发射的月球勘测轨道飞行器，搭载了多波束月球轨道器激光高度计（LOLA）、窄角照相机和广角照相机（WAC）等荷载。截至目前，LOLA已获取约70亿个有效高程数据点。利用LOLA数据构建的一系列DEM产品最高分辨率达1/1024°，目前最为准确的月球南北极DEM最高分辨率达5 m（Smith et al.，2016），全月DEM如图5.4所示。WAC获取了分辨率为100 m的全球影像，NAC获取了分辨率为0.5 m的影像数据，但未实现全球覆盖。基于LOLA数据并结合SELENE立体影像制作的月球数字高程模型SLDEM2015，水平分辨率在赤道可达60 m，垂直精度为3～4 m（Barker et al.，2016）。而后NASA按照范围不同，利用LOLA数据分别构建了80°S到极点的

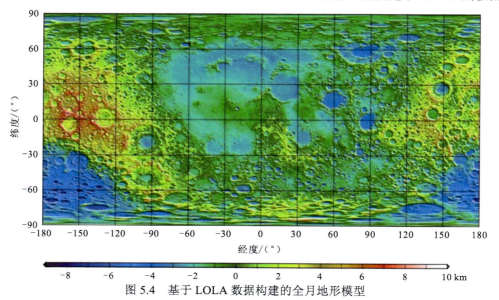

图5.4 基于LOLA数据构建的全月地形模型

5～80 m/像素、75°S 到极点的 30～120 m/像素、60°S 到极点的 30～120 m/像素和 45°S 到极点的 100～400 m/像素的不同分辨率月球地形模型。这些模型极大地提高了人类对月球表面地形的精准认识，尤其是在月球极区附近及缺少影像数据的永久阴影区。

为支持欧洲空间局在月球南极探测选址，德国宇航中心利用月球勘测轨道飞行器窄角照相机影像通过摄影测量方法制作了南极沙克尔顿局部区域 2 m 分辨率的数字地形模型（DLR，2021a，2021b）。同济大学、中国科学院空天信息创新研究院、香港理工大学等多家单位利用 LROC 窄角照相机影像对嫦娥四号、嫦娥五号着陆区进行了高分辨率制图（Di et al.，2020；Wu et al.，2020；陈昊 等，2019）。针对我国后续将开展的嫦娥七号、嫦娥八号等月球南极探测任务，同济大学基于 LROC 窄角照相机影像、LOLA 激光测高等国内外多源遥感数据，制作了月球南极 1.5 m 分辨率三维地形，为我国月球南极探测着陆选址提供高分辨率空间信息支撑（童小华 等，2021）。

此外，在月球遥感影像和卫星测高数据处理理论与方法方面，国际上的相关研究也在同步跟进。例如，在太阳高度角很低（1°～4°）的月球永久阴影区，光学遥感观测的效果并不佳，通过周围地形和地球的反向散射、恒星的微弱照明，在一些规模较小的撞击坑内部可以接收到少量的二次光照，利用深度学习算法可以恢复这些小撞击坑的光学影像（Bickel et al.，2021）。但该方法仍然受限于光学影像的初始质量，对于大多数面积较大的永久阴影区，恢复光学影像质量的难度较大。在激光测高数据方面，利用交叉点平差方法降低测高数据的径向及平面误差，这在一定程度上提升了测高数据的内符合精度，同时为融合不同探测器测高数据实现月球低纬度数据稀疏区域的数据填补提供了可能（Li et al.，2018）。此外，有研究者利用不同的自适应迭代策略校正了由地理位置的不确定性造成的误差，成功消除了由这一误差导致的月球地形模型中的地形伪影（Zheng et al.，2024b；Xie et al.，2022；Barker et al.，2021）。

综上分析，充分挖掘已有多探测器的数据潜力，突破精细地形地貌测绘瓶颈，实现不同探测器数据之间融合互补，构建全月球、高精准的月球地形模型，将有助于人类进一步对月球的探测和深入认知。

5.3　月球卫星激光测高数据处理及 DEM 构建

应用卫星激光测高方法能够获取高精度的月面三维地形数据，包括位置、高程和地形特征等信息。近年来，月球探测卫星搭载的卫星激光高度计包括中国嫦娥一号（CE-1）的激光高度计（LAM）、日本 SELENE 的激光高度计（LALT）、美国 LRO 的激光高度计（LOLA）等。

激光测高技术获取月面高程的过程如图 5.5 所示，其中 R_S 为根据卫星轨道求得的观测时刻卫星在月心坐标系中的位置矢量，R 为定义高程基准面时给定的月球半径，u 为观测时刻激光高度计的观测矢量，R_G 为观测时刻光斑中心点在月心坐标系中的位置矢量，h 为所求的月面光斑中心点对应的月面高程。绕月卫星搭载的测高仪周期性地向月

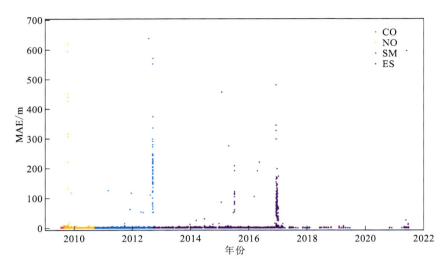

图 5.14　所有轨道 MAE 值分布

2）校正缺陷轨道

在去除缺陷轨道构建的 DEM 中，缺陷轨道的各个数据点位置可通过内插得到，这些新的数据点不会引起 DEM 的噪纹问题，因此，可以通过对比缺陷轨道上的数据点及相应位置的内插值来对缺陷轨道进行校正。对比缺陷轨道的数据点及 DEM 上相对应的插值数据点（图 5.15）不难发现，缺陷轨道所构成的曲线几乎可以通过对应的插值曲线直接平移得到，这也说明了缺陷轨道在高程方向的变化的趋势是正确的，造成缺陷轨道的原因经推测是轨道沿卫星运动方向的平面位置存在偏差，进一步分析可认为是由卫星沿轨方向的定轨误差所导致的。通过对缺陷轨道进行经度、纬度、高程方向上的平移使得与 DEM 的内插数据相重合，这样既能调整轨道的位置，同时也能尽可能多地保留实测数据。

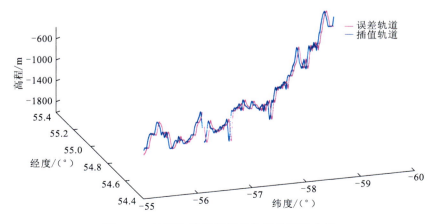

图 5.15　缺陷轨道及其相应位置的插值曲线

将曲线曲率发生变化处的数据作为特征点，分别计算两条曲线特征点对应的经度、纬度、高程的差值的平均值，从而获取三个方向的改正值。改正后的缺陷轨道构成的曲线与 DEM 内插曲线几乎重合，但仍然存在小段高程差异明显的区域。这是由于利用 DEM 获取的沿轨内插高程无法对位于这条缺陷轨道区域的某些地形特征进行描述。同样，在地形变化较大的区域，也存在较大的高程偏差。如图 5.16 所示，对示例区域（54.1°E～55°E，56.2°S～56.7°S）的缺陷轨道进行去除和校正后构建 DEM，其中图 5.16（d）为该区域的影像图。图 5.16（a）为未去除该条缺陷轨道构建的 DEM，该缺陷轨道对 DEM 质量造成了严重影响。图 5.16（b）为去除缺陷轨道后构建的 DEM，缺陷轨道造成的明显噪纹已经去除，但因直接去除噪纹导致数据缺失，造成红框内所示区域的小型撞击坑消失（对比影像图）。图 5.16（c）为改正缺陷轨道后构建的 DEM，小型撞击坑得到重建，较图 5.16（a）和（b）在精度上有了明显提升。这说明上述方法对缺陷轨道校正的正确性，既能提升 LOLA 数据质量，又不损失实测数据的数量。

图 5.17 为 Amundsen 撞击坑部分区域校正沿迹方向偏差较大的轨道前后构建的 5 m 分辨率 DEM，可以看出 DEM 表面存在的明显虚假地形噪纹已然消失。

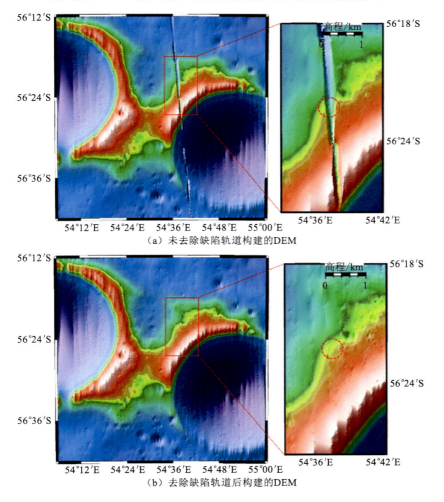

（a）未去除缺陷轨道构建的DEM

（b）去除缺陷轨道后构建的DEM

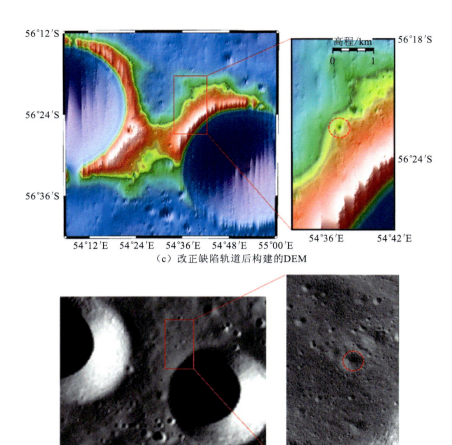

（c）改正缺陷轨道后构建的DEM

（d）实例区域的影像图

| -3500 | -3000 | -2500 | -2000 | -1500 | -1000 m |

图 5.16　缺陷轨道校正和去除前后 DEM 及与月球影像的比较

（a）校正前

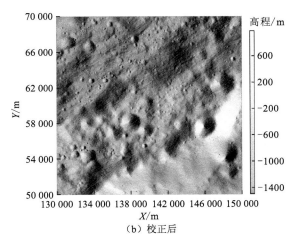

（b）校正后

图 5.17   Amundsen 撞击坑部分区域沿迹方向偏差较大的轨道校正前后构建的 DEM

2. 所有轨道测高数据的 A/C/R 位置偏差校正

由于卫星定轨和姿态的不确定性，测高数据集中通常存在垂迹、沿迹和向径方向（A/C/R）的较小位置偏差，在构建的 DEM 上表现为较细的噪纹。可采用自适应迭代校正法减小原始激光测高数据中存在的较小地理位置偏差（Zheng et al.，2024b；Xie et al.，2022；Barker et al.，2021；Gläser et al.，2013），具体步骤如下。

（1）坐标转换，为减小插值过程中采用经纬度坐标所造成的较大误差，需将经纬度坐标投影到笛卡儿坐标系下。二者的转换关系公式如下：

$$R = \sqrt{X^2 + Y^2} \tag{5.4}$$

$$\mathrm{lon} = \frac{\arctan2\left(\dfrac{X}{Y}\right) \times 180}{\pi} \tag{5.5}$$

$$\mathrm{lat} = 90 - \frac{180 \times 2 \times \arctan\left(0.5 \times \dfrac{R}{1\,737\,400}\right)}{\pi} \quad (\text{北半球}) \tag{5.6}$$

$$\mathrm{lat} = -90 + \frac{180 \times 2 \times \arctan\left(0.5 \times \dfrac{R}{1\,737\,400}\right)}{\pi} \quad (\text{南半球}) \tag{5.7}$$

式中：X、Y 分别为笛卡儿坐标系下 x 及 y 轴的坐标；lon、lat 分别为经度、纬度坐标；R 为月球参考半径，一般取值为 1 737 400 m。

（2）将研究区域内所有激光测高数据组成的面作为参考面，以较小的步长对每一轨道数据分别做沿迹、垂迹方向的移动（可转换为沿 x/y 轴方向的移动）。步长的选取与数据的精度有关，精度越高的数据步长可取得越小。

（3）每条轨道数据进行平移后，将轨道上各个数据点作为中心获取一定搜索半径内参考面上的数据点。利用搜索半径内参考面上的数据点内插得到中心位置的高程，并与原轨道上的数据点作差得到高程不符值。

计算整条轨道高程不符值的标准差，将各点位高程不符值大于二倍标准差的数据点作为异常点舍弃，其余数据点的高程不符值计算均方根误差作为该条轨道数据在此次移动后的误差值。将误差值最小时所在的位置确定为该条轨道数据校正后的平面位置。

待所有轨道校正完成后，由于参考面也是由待校正的数据点组成，还需利用校正后的数据更新参考面并对上述过程进行迭代校正，直至各个轨道位置的调整值收敛。将所有轨道每次校正的 A/C 偏移值减去步长后的平均绝对误差值作为是否收敛的参考，当迭代后 A/C 的参考值接近 0，则认为迭代已经收敛。待平面位置校正完成后，利用同样的方法对轨道数据向径方向进行校正。

通过上述步骤对测高数据做自适应的 A/C/R 校正，多次迭代校正后得到了测高数据更精确的地理位置，最终实现轨道数据地理位置不确定性的校正，示例区域地理位置校正后构建的 DEM 如图 5.18 所示，可看出明显噪纹（伪地形）已经消失。

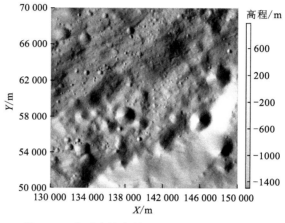

图 5.18　自适应迭代校正处理后构建的 DEM

3. 测高数据异常值的滤波处理

利用自适应迭代校正处理后的测高数据所构建的 DEM 仍然存在少许噪点，如图 5.19（a）红色圆圈所示。由异常值造成的噪点在 DEM 上通常表现为细小且突兀的空洞或突起等虚假地形，这些异常噪点可通过基于坡度的滤波方法进行去除。坡度的变化对 DEM 异常值的检测较为敏感，尤其是去趋势的坡度值。计算 DEM 坡度值并对每个格网分别计算其坡度与以该格网点为中心的一定窗口范围内坡度中位数差值的绝对值，窗口范围的大小将由所构建 DEM 的分辨率来确定。对计算结果设置一个阈值（如去除区域内约 0.1% 的最大值）进行异常值的筛选，结果如图 5.19（b）所示，DEM 上由异常值造成的噪点消失。

在测高数据处理中，通常通过加入交叉点数据来提升轨道精度，进而提高构建的 DEM 质量。同样，不同轨道数据存在的交叉点高程不符值也能作为轨道数据精度的评判依据。在示例区域得到的交叉点不符值的直方图如图 5.20 所示。蓝色、橙色区域分别为原始数据及校正后的数据计算得到的交叉点高程不符值分布。由整体的分布可知，校正后更多数量的交叉点不符值向零点靠近，轨道数据整体的误差进一步缩小。

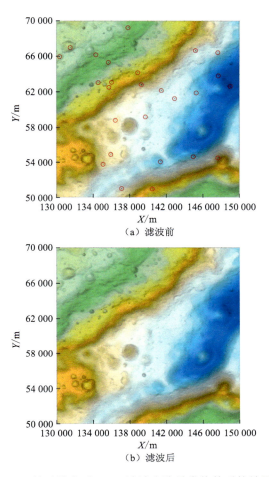

（a）滤波前

（b）滤波后

图 5.19　基于坡度对 DEM 滤波去除异常值前后的效果图

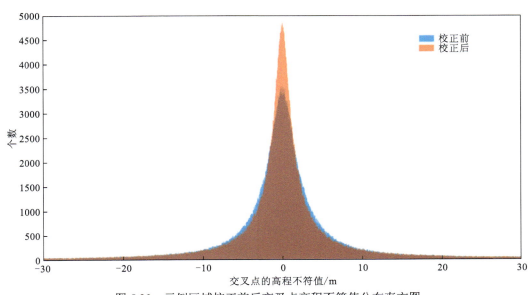

图 5.20　示例区域校正前后交叉点高程不符值分布直方图

针对 LOLA 激光测高数据的三类关键问题的解决方法的流程如图 5.21 所示，最终构建的 Amundsen 撞击坑完整的 DEM 如图 5.22 所示。可以看出 DEM 上明显噪纹及粗差点已经消除，DEM 的质量得到了显著提升。这些方法从测高数据误差产生的机理出发，通过测高数据校正有效地保留了珍贵的实测数据，可以更好地描述月面的地形特征，为未来的月球探测任务提供重要的科学数据支撑。

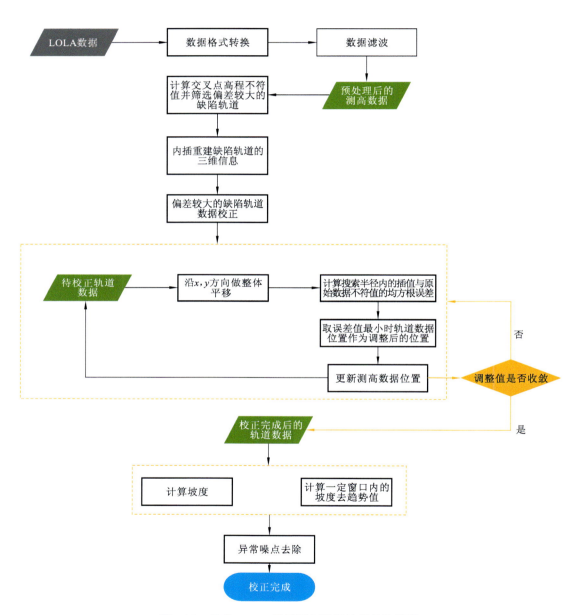

图 5.21 月球 LOLA 卫星测高数据处理具体流程

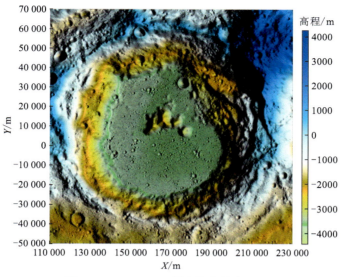

图 5.22　Amundsen 撞击坑高精度 DEM

5.4　月球影像数据处理及 DEM 构建

月球遥感影像是通过月球轨道器或其他遥感探测器获取的关于月球表面的图像数据。这些影像可以呈现月球表面的地貌、地形、地质结构及其他特征，提供了对月球表面的详细视觉信息。基于轨道器遥感影像的摄影测量技术是月球探测不可或缺的工具，为月球地貌、地形和地质特征提供了关键的信息，支持着月球着陆探测工程任务中的着陆点定位、着陆区评估及科学探测目标确定、巡视器导航定位等。当前，随着各国的月球探测任务不断增多，人类已经成功积累了大量多源、多分辨率、多重覆盖的月球遥感影像。在这些影像数据的基础上，通过摄影测量与遥感技术可以构建不同覆盖范围、分辨率的制图产品，这些产品在月球探测及科学研究工作中发挥了重要作用（邸凯昌 等，2019）。

利用摄影测量构建月面地形模型与对地观测在原理上是相同的，二者均是通过遥感影像的成像几何模型构建、区域网平差、立体影像匹配和空间前方交会等技术来实现三维模型的重构。然而，由于存在月球卫星轨道和姿态测量精度较低、月球表面难以获取有效数量的控制点、月球没有大气层导致影像受光照条件变化影响大等问题，月球影像的处理技术仍然面临巨大的挑战。此外，由于应用场景的不同，月球摄影测量制图和对地观测制图的发展重点也有所不同。为了满足人类对更高精度、更好覆盖性、更高时效性的月球地形摄影测量的需求，在新一轮探月高潮的推动下，月球影像处理技术的发展和提升将尤为重要。月球影像处理的关键技术主要包括遥感影像几何建模和精化、数据配准、多重覆盖影像择优、立体影像 DEM 构建等。

5.4.1　遥感影像的几何建模及优化

遥感影像的成像几何模型是描述影像上点位与月面真实位置之间坐标转换关系的数

学模型。对于利用轨道器影像进行摄影测量制图，构建影像的成像几何模型至关重要。在月球影像处理中，成像几何模型的构建与对地观测遥感影像的模型构建类似，可以分为严格成像几何模型和通用成像几何模型两类。

严格成像几何模型基于共线方程原理，考虑了相机光轴与像点的几何关系以传感器的内外方位元素（如焦距、主点位置、姿态参数等），目前大部分月球轨道器的内外方位元素均可由 SPICE kernel 文件读取。通过内方位元素，可以将影像坐标（row,col）转换为像平面坐标 $[x, y, -f]^\mathrm{T}$：

$$xd = (col - \mathrm{BORESIGHT\_SAMPLE}) \times \mathrm{PIXEL\_PITCH} \tag{5.8}$$

$$r = xd \tag{5.9}$$

$$x = \frac{xd}{(1+k1)r^2} \tag{5.10}$$

式中：BORESIGHT_SAMPLE 为像主点坐标；PIXEL_PITCH 为像素大小；xd 为量测位置；$k1$ 为变形系数；r 为光学中心与像点坐标之间的距离；x 为校正的像平面坐标。这些参数均可在官方发布的说明文件中查阅得到（如 LROC NAC 相机的 kernel 文件）。通过解算相机的内外方位元素和地面点的三维坐标，可以实现像点到月面点的准确定位。但由于影像传感器的差异，针对每一传感器都要建立各自的严格几何模型，这也使该模型的广泛应用存在困难。

与传感器无关的通用成像几何模型是一种简化的模型，不考虑具体的传感器参数，只关注影像上的几何关系，通用性好、应用方便。这种模型通常基于投影几何学原理，例如透视投影或正交投影。在月球影像处理中，通用成像几何模型可以用于快速估计影像上点在月面上的位置，但可能精度较严格成像几何模型低。构建通用成像几何模型的关键是获取准确的传感器参数和姿态信息。对于月球轨道器影像，由于月球没有大气层，影响光线传播的因素较少，所以相机内外方位元素的确定可以相对简单一些。然而，月球轨道器的姿态测量和定位仍然是一个挑战，同时月球表面缺乏易于获取的控制点。有理函数模型是一种常用的通用成像几何模型，实质上是严格几何模型的数学拟合，已有研究表明有理函数模型能够在几乎不损失精度的情况下拟合严密几何模型。在建立严密几何模型的基础上，可以通过若干组物方和像方的坐标，拟合得到有理函数模型。有理函数模型是通过多项式的比值来表达像方空间和物方空间之间的关系，表达式如下：

$$r_n = \frac{P_1(X_n, Y_n, Z_n)}{P_2(X_n, Y_n, Z_n)} \tag{5.11}$$

$$c_n = \frac{P_3(X_n, Y_n, Z_n)}{P_4(X_n, Y_n, Z_n)} \tag{5.12}$$

式中：(r_n, c_n) 为像素坐标；(X_n, Y_n, Z_n) 为地面点坐标。

受轨道误差、姿态误差、时间误差和相机模型误差等因素影响，构建的严格几何模型或通用几何模型会存在误差。这些模型误差不仅会导致定位偏差，还会影响多重覆盖和相邻影像的几何一致性，从而严重影响月球遥感影像及制图产品的精度和应用。为了精化月球遥感影像的几何模型，需要提高遥感影像的绝对定位精度和遥感影像之间的几何一致性，从而生产几何上无缝的产品。月面缺乏足够且高精度的绝对控制，几何模型精化通常采用多数据联合平差或大区域影像的区域网平差方法（Kraus，2007）。这些方法主要通过提高数据之间的一致性来改善影像定位精度，尤其是减小平差后影像的反投影差，从而一定程度上间接提高绝对定位的精度。目前，针对月球轨道器遥感影像的区域网平差处理，主要以严格成像几何模型的共线方程为基础。首先，建立各传感器的成像参数精化模型，然后利用激光高度计数据、数字高程模型等现有地形产品进行最优参数估计的平差解算。由于不同平台和传感器的差异，平差方法和细节也有所不同。采用局域网平差的方法，通常使用像方仿射变换模型，表达式如下：

$$\begin{cases} F_x = e_0 + e_1 \times \text{sample} + e_2 \times \text{line} - x \\ F_y = f_0 + f_1 \times \text{sample} + f_2 \times \text{line} - y \end{cases} \tag{5.13}$$

式中：e_0、e_1、e_2 和 f_0、f_1、f_2 分别为列和行方向的仿射变换参数；sample 和 line 为物方坐标反投影到像方对应的坐标；x 和 y 为经过仿射变换系数校正后的像点坐标。

立体平差采用泰勒级数展开式（5.13）得到误差方程式（5.14），可以看出，待求解的参数主要包括仿射变换参数的改正数及物方三维坐标 lat、lon、height 的改正数。

$$\begin{cases} v_x = \dfrac{\partial F_x}{\partial e_0} \times \Delta e_0 + \dfrac{\partial F_x}{\partial e_1} \times \Delta e_1 + \dfrac{\partial F_x}{\partial e_2} \times \Delta e_2 + \dfrac{\partial F_x}{\partial \text{lat}} \times \Delta\text{lat} + \dfrac{\partial F_x}{\partial \text{lon}} \times \Delta\text{lon} + \dfrac{\partial F_x}{\partial \text{height}} \times \Delta\text{height} - l_x \\ v_y = \dfrac{\partial F_y}{\partial f_0} \times \Delta e_0 + \dfrac{\partial F_y}{\partial f_1} \times \Delta e_1 + \dfrac{\partial F_y}{\partial f_2} \times \Delta e_2 + \dfrac{\partial F_y}{\partial \text{lat}} \times \Delta\text{lat} + \dfrac{\partial F_y}{\partial \text{lon}} \times \Delta\text{lon} + \dfrac{\partial F_y}{\partial \text{height}} \times \Delta\text{height} - l_y \end{cases}$$

$$\tag{5.14}$$

由于控制点的物方三维坐标已知，其误差方程只包括仿射变换参数的改正数，如下式：

$$\begin{cases} v_x = \dfrac{\partial F_x}{\partial e_0} \times \Delta e_0 + \dfrac{\partial F_x}{\partial e_1} \times \Delta e_1 + \dfrac{\partial F_x}{\partial e_2} \times \Delta e_2 - l_x \\ v_y = \dfrac{\partial F_y}{\partial f_0} \times \Delta e_0 + \dfrac{\partial F_y}{\partial f_1} \times \Delta e_1 + \dfrac{\partial F_y}{\partial f_2} \times \Delta e_2 - l_y \end{cases} \tag{5.15}$$

当参与平差的大多数影像不满足立体成像要求时，采用立体平差方法易出现误差方程病态及物方高程异常的问题。这时需要采用平面平差的方法，每次迭代中，求解得到的平面坐标从 DEM 上内插得到高程值，从而解决影像立体几何模型强度不足的问题。

5.4.2　多源数据配准

在月球探测任务中，不同月球轨道器和传感器获取了大量的影像和地形数据。为了充分利用这些多源数据并实现数据间的优势互补，需要进行数据的基准统一和配准操作。针对月球影像与数字高程模型（DEM）的配准，目前主要有三类匹配方法：三维表面匹配、基于联合平差方法的匹配，以及基于窗口并结合辐射信息的匹配。

三维表面匹配主要适用于立体影像与高程数据之间的匹配。通过计算两个高程数据之间的旋转、平移和缩放等 7 个变换参数，实现立体影像与高程数据的匹配。该方法可以实现高精度的立体像对与高程数据的匹配，但不适用于单幅影像与高程数据的匹配。

基于联合平差方法的匹配是指同时进行匹配和平差的求解。通过计算立体影像对的几何模型参数，并利用 DEM 高程与立体影像前方交会得到的高程之间的高程差进行约束，从而实现影像与高程数据的匹配精化。

基于窗口并结合辐射信息的匹配。首先，基于月表反照率模型和地形数据生成模拟影像数据，然后通过模拟影像与实际影像的匹配，间接实现地形数据与影像的匹配。这种方法通过构建模拟影像实现了基于窗口的影像与地形数据的匹配，可以提高匹配精度，甚至达到像素级别的精度。

对于多源 DEM 的配准研究，目前主要使用基于三维最小二乘表面匹配的方法。这种方法通过建立三维点之间的对应关系构建误差方程，并通过求解转换参数实现 DEM 之间的匹配。其中，迭代最邻近点法和最小高差法是主流算法，在月球 DEM 配准方面也得到了应用。此外，还有一些基于撞击坑、山脊线等特征的匹配算法也适用于月球 DEM 之间的配准，但在特征贫乏地区可能不适用。

5.4.3 多重覆盖影像择优

多重覆盖影像择优是在大区域制图研究中的关键任务之一，并对轨道器影像传感器设计和数据获取方式的设计提供了有价值的参考。通过选择最优的影像组合，可以提高影像匹配和定位精度，从而实现更准确的地图制作。在选择影像组合时，需要考虑多个因素，如影像重叠范围、空间分辨率、光照条件、立体强度、太阳位置和光谱范围等。不同因素对影像匹配精度和定位精度有不同的影响。例如，交会角是一个重要的因素，小于 10° 时交会角对定位精度起决定性作用；而大于 10° 时，影像匹配误差对定位精度的影响更为显著。除了交会角，影像的光照条件差异和行列分辨率差异也会对匹配精度产生影响。研究发现，光照条件差异和像素纵横比之比的增大都会导致匹配精度的下降。因此，在选择影像时，不仅需要考虑交会角的影响，还要综合考虑光照条件和像素纵横比之比等因素。

5.4.4 月球立体遥感影像的 DEM 构建及软件系统

月球和行星遥感影像处理流程主要分为影像预处理、相机模型构建、连接点提取、光束法平差、数字高程模型生成等步骤。在深空测绘遥感领域，美国已形成了一套较为成熟并全球通用的遥感影像数据处理技术体系和软件系统，即"PDS+SPICE+ISIS（the integrated software for imaging spectrometers）+ASP"。这一体系覆盖从数据标准化存储、精确导航定位、影像处理和立体测绘的全过程。

如 5.3.2 小节所述，PDS 是美国国家航空航天局的一个科学数据存储和分发系统，专门用于存储太空任务获得的数据。PDS 确保这些数据被长期保存，并为科学家和公众提供易于访问的形式。它不仅包括原始数据，还包括处理后的数据和有关文档，以便用户能够理解和利用这些数据。SPICE 是一套提供精确导航和科学仪器几何信息的软件和数据集。这些信息对分析深空任务数据至关重要，例如确定航天器的确切位置或分析行星表面的特定特征。ISIS 是一套用于分析处理月球和行星探测任务影像和光谱数据的软件，能够支持 NASA 多个深空探测任务数据，实现从基本的图像处理到复杂的光谱分析等广泛功能，如图像校正、地图投影、光谱分析等。ISIS 内置了许多深空探测任务的相机参数，并针对不同任务的传感器开发了专门的导入接口（Edmundson et al.，2012）。以 LRO NAC 影像的预处理过程为例，预处理流程如图 5.23 所示。

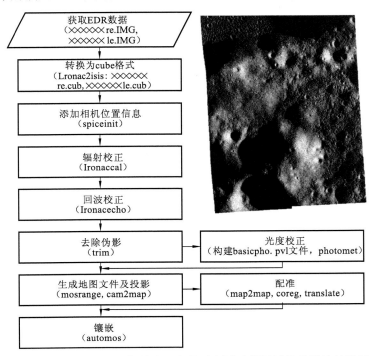

图 5.23　LRO NAC 影像预处理流程示意图及某区域处理后的效果图

针对月球和行星遥感影像的 DEM 构建，主要工具包括 NASA 开源软件 Ames Stereo Pipeline（ASP）、商业摄影测量软件 SOCET SET、意大利帕尔马大学研究团队开发的 Dense Matcher 及香港理工大学研究团队开发的 PLANETARY3D 等。其中常用的 ASP 是由美国 NASA 艾姆斯研究中心开发的一套利用立体影像生成高精度数字高程模型和正射影像的软件，特别适用于处理深空探测任务中的影像数据。

利用 ASP 软件对预处理后的影像数据进行光束法平差后，还需要使用 stereo、point2dem 等组件生成 DEM（Beyer et al.，2018）。其中，stereo 用于匹配立体像对生成点云文件，point2dem 可将点云文件转换为常用格式的 DEM 文件。需要注意的是，ASP 软件自动生成 DEM 的分辨率与原始影像分辨率大致相同，但存在大量噪声，实际应用时需将自动生成的 DEM 重采样为 3～5 倍原始影像的分辨率。

在月球遥感影像产品制作中，常常选择月球激光高度计数据与立体影像生成的 DEM 数据进行融合。通过融合不同源的地形数据，可以实现数据间信息互补，从而提高融合后 DEM 的质量。月球激光高度计数据可以获取更精确的高程信息，尤其在高纬度地区和永久阴影区域，而立体影像可以提供更密集的三维数据，将这两类数据融合可以得到质量更高的 DEM 产品。把 SELENE/Kaguya 搭载的地形相机（terrain camera，TC）构建的 DEM 分为 1°×1° 的"瓦片"，使用下山单纯形算法对每个"瓦片"范围内的 LOLA 点云数据进行调整（解算 3 个平移参数、2 个倾斜参数），以实现两者之间的配准，从而构建融合 TC 和 LOLA 点云数据的水平分辨率为 512 像素/(°)（赤道区域约 60 m）、垂直精度为 3～4 m 的 DEM（SLDEM 2015）（Barker et al.，2016）。图 5.24 为嫦娥三号（CE-3）着陆点（标记为红色圆圈）所在区域的 DEM 比较。LOLA DEM 采用连续曲率插值来填充轨道之间的数据空白，但红色圆圈和黑色圆圈所示区域内的地形特征存在缺失或扭曲的现象，而 SLDEM 2015 通过融合两种数据源，使用配准的 TC DEM 来填补 LOLA DEM 缺失的信息，红色圆圈和黑色圆圈内的信息得以完整重建。

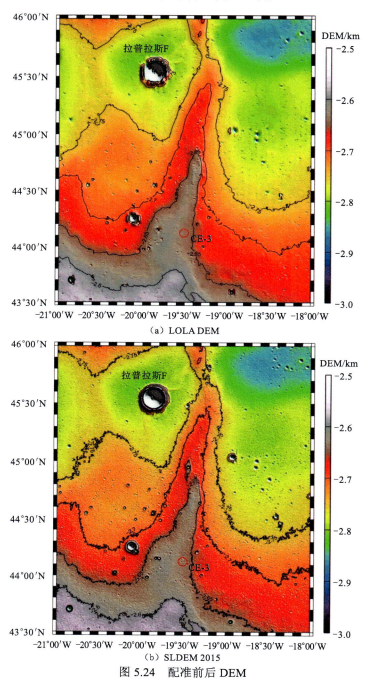

图 5.24 配准前后 DEM

参 考 文 献

蔡占川, 郑才目, 唐泽圣, 等, 2010. 基于嫦娥一号卫星激光测高数据的月球 DEM 及高程分布特征模型. 中国科学(E 辑), 40(11): 1300-1311.

陈昊, 刘世杰, 童小华, 等, 2019. 嫦娥四号着陆点区域高分辨率数字高程模型构建. 上海航天, 36(3): 36-40.

邸凯昌, 刘斌, 辛鑫, 等, 2019. 月球轨道器影像摄影测量制图进展及应用. 测绘学报, 48(12): 1562-1574.

李春来, 任鑫, 刘建军, 等, 2010. 嫦娥一号激光测距数据及全月球 DEM 模型. 中国科学(D 辑), 40(3): 281-293.

李春来, 刘建军, 任鑫, 等, 2018. 基于嫦娥二号立体影像的全月高精度地形重建. 武汉大学学报(信息科学版), 43(4): 485-495.

平劲松, 黄倩, 鄢建国, 等, 2008. 基于嫦娥一号卫星激光测高观测的月球地形模型 CLTM-s01. 中国科学(G 辑), 38(11): 1601-1612.

童小华, 刘世杰, 叶真, 等, 2021. 基于自主研制 1.5 米分辨率三维地形和光照模型的月球南极沙克尔顿着陆选址分析. 深空探索科学技术与应用中国工程科技论坛, 深圳: 18-19.

中国科学院探月工程应用系统总体部, 2008. 绕月探测工程科学应用专家委员会工作参考材料. 北京: 中国科学院.

Araki H, Noda H, Tazawa S, et al., 2013. Lunar laser topography by LALT on board the KAGUYA lunar explorer-Operational history, new topographic data, peak height analysis of laser echo pulses. Advances in Space Research, 52(2): 262-271.

Araki H, Tazawa S, Noda H, et al., 2009. Lunar global shape and polar topography derived from Kaguya-LALT laser altimetry. Science, 323(5916): 897-900.

Archinal B A, Rosiek M R, Kirk R L, et al., 2006. The unified lunar control network 2005. Sunrise Valley Drive Reston, VA: US Geological Survey.

Barker M K, Mazarico E, Neumann G A, et al., 2016. A new lunar digital elevation model from the Lunar Orbiter Laser Altimeter and SELENE Terrain Camera. Icarus, 273: 346-355.

Barker M K, Mazarico E, Neumann G A, et al., 2021. Improved LOLA elevation maps for south pole landing sites: Error estimates and their impact on illumination conditions. Planetary and Space Science, 203: 105119.

Barker M K, Sun X, Mao D, et al., 2018. In-flight characterization of the lunar orbiter laser altimeter instrument pointing and far-field pattern. Applied Optics, 57(27): 7702-7713.

Beyer R A, Alexandrov O, McMichael S, 2018. The Ames Stereo Pipeline: NASA's open source software for deriving and processing terrain data. Earth and Space Science, 5(9): 537-548.

Bickel V T, Moseley B, Lopez-Francos I, et al., 2021. Peering into lunar permanently shadowed regions with deep learning. Nature Communications, 12(1): 5607.

Cook A C, Watters T R, Robinson M S, et al., 2000. Lunar polar topography derived from Clementine stereoimages. Journal of Geophysical Research: Planets, 105(E5): 12023-12033.

DLR, 2021a. Shackleton crater rim potential landing site for ESA lunar lander DTM. http://wms. lroc. asu. edu/lroc/view_rdr/NAC_DTM_ESALL_SR12. [2023-11-13].

DLR, 2021b. Connecting ridge potential landing site for ESA lunar lander DTM. http://wms. lroc. asu. edu/lroc/view_rdr/NAC_DTM_ESALL_CR1. [2023-11-13].

Di K C, Liu Z Q, Wan W H, et al., 2020. Geospatial technologies for Chang'e-3 and Chang'e-4 lunar rover missions. Geo-spatial Information Science, 23(1): 87-97.

Edmundson K L, Cook D A, Thomas O H, et al., 2012. Jigsaw: The ISIS3 bundle adjustment for extraterrestrial photogrammetry. ISPRS Annals of the Photogrammetry, Remote Sensing and Spatial Information Sciences, 1: 203-208.

Galileo G, 1989. Sidereus Nuncius or the Sidereal Messenger. Chicago: The University of Chicago Press.

Gläser P, Haase I, Oberst J, et al., 2013. Co-registration of laser altimeter tracks with digital terrain models and applications in planetary science. Planetary and Space Science, 89: 111-117.

Haruyama J, Hara S, Hioki K, et al., 2012. Lunar global digital terrain model dataset produced from SELENE (Kaguya) terrain camera stereo observations. //43rd Lunar and Planetary Science Conference, Woodlands, TX, USA: 1200.

Hu W M, Di K C, Liu Z Q, et al., 2013. A new lunar global DEM derived from Chang'E-1 Laser Altimeter data based on crossover adjustment with local topographic constraint. Planetary and Space Science, 87: 173-182.

Kaula W M, Schubert G, Lingenfelter R E, et al., 1974. Apollo laser altimetry and inferences as to lunar structure. //5th Lunar Science Conference, Houston.

Kraus K, 2007. Photogrammetry: Geometry from images and laser scans. Berlin: Walter de Gruyter.

Lemoine F G, Goossens S, Sabaka T J, et al., 2014. GRGM900C: A degree 900 lunar gravity model from GRAIL primary and extended mission data. Geophysical Research Letters, 41(10): 3382-3389.

Li C L, Ren X, Liu J J, et al., 2010a. Laser altimetry data of Chang'E-1 and the global lunar DEM model. Science China Earth Sciences, 53 (11): 1582-1593.

Li C L, Liu J J, Ren X, et al., 2010b. The global image of the moon by the Chang'E-1: Data processing and lunar cartography. Science China Earth Sciences, 53(8): 1091-1102.

Li F, Zhu C, Hao W F, et al., 2018. An improved digital elevation model of the lunar mons rümker region based on multisource altimeter data. Remote Sensing, 10(9): 1442.

Mazarico E, Rowlands D D, Neumann G A, et al., 2012. Orbit determination of the lunar reconnaissance orbiter. Journal of Geodesy, 86(3): 193-207.

Mazarico E, Neumann G A, Barker M K, et al., 2018. Orbit determination of the lunar reconnaissance orbiter: Status after seven Years. Planetary and Space Science, 162: 2-19.

Smith D E, Zuber M T, Jackson G B, et al., 2010. The lunar orbiter laser altimeter investigation on the lunar reconnaissance orbiter mission. Space Science Reviews, 150(1/2/3/4): 209-241.

Smith D E, Zuber M T, Neumann G A, et al., 1997. Topography of the Moon from the Clementine lidar. Journal of Geophysical Research: Planets, 102(E1): 1591-1611.

Smith D E, Zuber M T, Neumann G A, et al., 2016. Summary of the results from the lunar orbiter laser altimeter after seven years in lunar orbit. Icarus, 283: 70-91.

Thompson T W, 1974. Atlas of lunar radar maps at 70-cm wavelength. The Moon, 10(1): 51-85.

Wessel P, 2010. Tools for analyzing intersecting tracks: The x2sys package. Computers and Geosciences, 36(3): 348-354.

Wessel P, Smith W H F, Scharroo R, et al., 2013. Generic mapping tools: Improved version released. Eos, Transactions American Geophysical Union, 94(45): 409-410.

Wu B, Li F, Hu H, et al., 2020. Topographic and geomorphological mapping and analysis of the Chang'e-4 landing site on the far side of the moon. Photogrammetric Engineering & Remote Sensing, 86(4): 247-258.

Xie H, Liu X S, Xu Y S, et al., 2022. Using laser altimetry to finely map the permanently shadowed regions of the lunar south pole using an iterative self-constrained adjustment strategy. IEEE Journal of Selected Topics in Applied Earth Observations and Remote Sensing, 15: 9796-9808.

Zheng Y J, Hao W F, Ye M, et al., 2024a. Correcting flawed orbits with significant along-track offset in LOLA data to remove apparent noise in DEM. Journal of Geodesy, 98(3): 20.

Zheng Y J, Hao W F, Ye M, et al., 2024b. Construction of a high-quality digital elevation model of the Amundsen crater and landing area selection for future lunar missions. IEEE Journal of Selected Topics in Applied Earth Observations and Remote Sensing, 17: 1575-1583.

Zuber M T, Smith D E, Lemoine F G, et al., 1994. The shape and internal structure of the moon from the Clementine mission. Science, 266(5192): 1839-1843.

第

6

章

月球重力场

在月球大地测量中，重力场是用来确定高程的重要信息源，因此，精确获取月球重力场也是月球大地测量的主要任务之一。

目前，由于月面重力测量尚难以实施，月球重力场的获取主要依赖对绕月卫星轨道摄动的观测与解算。因此，获取月球重力场与绕月卫星的精密定轨密不可分。

本章首先给出月球探测器精密定轨及其重力场解算的基本原理，并介绍主流的月球探测器精密定轨及重力场解算软件，然后列举并简要分析不同时期具有代表性的月球重力场模型。

6.1　月球探测器精密定轨与重力场恢复原理

6.1.1　月球探测器精密定轨

月球及行星探测器精密定轨的基本原理是采用含有测量误差的测量数据，结合探测器受到的动力学约束，估计探测器的最佳状态，其本质是一个最佳参数估计问题。对探测器的精密定轨，传统上称为轨道改进，但由于在定轨的同时可以确定与轨道有关的一些几何和物理参数，扩充了传统意义下单纯的轨道改进，现在称为精密定轨。

月球及行星探测器在环绕其中心天体飞行的过程中，将受到中心天体引力等多种作用力的影响，该过程使用经典的牛顿第二定律可以表示为

$$\ddot{r} = -\frac{GM}{r^2}\left(\frac{r}{r}\right) + F_\varepsilon \tag{6.1}$$

式（6.1）即为探测器的运动方程，等式右边第一项表示中心天体的中心引力，第二项 F_ε 为摄动力。

月球探测器受到的摄动力来源众多，表达形式较为复杂。其力模型按照性质可以分为保守力和非保守力，其中保守力主要包括中心引力 f_{TB}、非球形引力摄动 f_{NS}、N 体摄动力 f_{NB}、潮汐摄动力 f_{TD}、扁率间接摄动力 f_{OBL}、相对论效应引起的摄动力 f_{REL}，非保守力包括大气阻力 f_{DRG}、太阳光压力 f_{SRP}、探测器自身热辐射 f_{TR}、月球反照辐射 f_{ALB} 和红外辐射 f_{INFR} 及未模制的力 f_{UM} 等。月球探测器总的受力可以表示为

$$\ddot{r} = f_{\mathrm{TB}} + f_{\mathrm{NS}} + f_{\mathrm{NB}} + f_{\mathrm{TD}} + f_{\mathrm{OBL}} + f_{\mathrm{REL}} + f_{\mathrm{DRG}} + f_{\mathrm{SRP}} + f_{\mathrm{TR}} + f_{\mathrm{ALB}} + f_{\mathrm{INFR}} + f_{\mathrm{UM}} \tag{6.2}$$

图 6.1 展示了轨道高度为 50 km 的近圆极轨绕月卫星 2 天摄动力的变化情况，单位为 m/s²。从图 6.1 中可以看出，对绕月卫星而言，非球形引力是最主要的摄动力源，量级在 $10^{-4} \sim 10^{-3}$ m/s²，由于月球重力场空间分布的不均匀性，非球形引力变化比较剧烈，其他的摄动力除太阳光压力 f_{SRP} 和月球反照辐射 f_{ALB} 外，f_{NB}、f_{TD}、f_{OBL}、f_{REL} 的变化则相对平缓。探测器的太阳光压力 f_{SRP} 和月球反照辐射 f_{ALB}，由于与太阳的位置有关，在探测器进出阴影的过程中会出现中断。

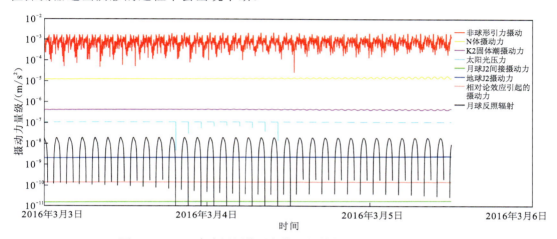

图 6.1　50 km 高度近圆绕月极轨卫星的主要摄动力变化情况

引自叶茂（2016）

月球探测器在绕月球运动时，地球深空站对其进行无线电跟踪测量，包括单/双/三程测距、测速等。观测值与初始状态量 X 之间的函数关系可以表示为

$$Y = G(t, X) + \varepsilon \tag{6.3}$$

式中：Y 为观测量；ε 为测量噪声；X 为初始状态量，包括探测器 t_0 时刻处的初始状态、光压参数、重力场模型系数等几何和物理参数。

对式（6.3）在 t 时刻的参考状态 X^* 处展开，略去高阶项，线性化得到

$$\begin{cases} y = Y - G(t, X^*) \\ \tilde{H} = \left. \dfrac{\partial G}{\partial X} \right|_{X=X^*} \end{cases} \tag{6.4}$$

式中：$\tilde{H}$ 为观测量对观测时刻 t 处的状态量的观测偏导数；y 为观测值与理论值的差值，即残差；X^* 为 t 时刻的参考状态。

对于一个时间序列的观测量，式（6.4）可以表示为

$$\begin{cases} y_1 = H_1 x_0 + \varepsilon_1 \\ y_2 = H_2 x_0 + \varepsilon_2 \\ \quad\vdots \\ y_l = H_l x_0 + \varepsilon_l \end{cases} \tag{6.5}$$

为求解最佳初始状态，需要大量的观测值。这些观测值类型不同，观测时间不同，可能是不等精度的，需要对式（6.5）加权处理，即

$$\begin{cases} y_1 = H_1 x_0 + \varepsilon_1, & W_1 = \dfrac{1}{\sigma_1^2} \\ y_2 = H_2 x_0 + \varepsilon_2, & W_2 = \dfrac{1}{\sigma_2^2} \\ \quad\quad \vdots \\ y_i = H_i x_0 + \varepsilon_i, & W_3 = \dfrac{1}{\sigma_3^2} \end{cases} \tag{6.6}$$

式中：σ 为观测数据噪声水平；W 为观测值权值；H 为观测量对初始时刻 t_0 处的状态量的观测偏导数，需要通过设计矩阵 $[\boldsymbol{\Phi} \quad s]$ 的映射求得，即 $H = \tilde{H} \cdot [\boldsymbol{\Phi} \quad s]$。根据线性无偏最小方差估计可得法方程：

$$\left(\sum H_i^{\mathrm{T}} W_i H_i + \overline{P}_0^{-1} \right) \hat{x}_0 = \left(\sum H_i^{\mathrm{T}} W_i \, y + \overline{P}_0^{-1} \overline{x}_0 \right) \tag{6.7}$$

进而得到批处理的估值 $\hat{x}_0$ 为

$$\hat{x}_0 = \left(\sum H_i^{\mathrm{T}} W_i H_i + \overline{P}_0^{-1} \right)^{-1} \left(\sum H_i^{\mathrm{T}} W_i \, y + \overline{P}_0^{-1} \overline{x}_0 \right) \tag{6.8}$$

式中：$\overline{P}_0$ 为待估状态量的先验协方差；$\overline{x}_0$ 为待估状态量的先验值。

由此计算初始时刻最优估值 $\hat{X}_0$ 为

$$\hat{X}_0 = X_0^* + \hat{x}_0 \tag{6.9}$$

相应协方差矩阵为

$$\boldsymbol{P}_0 = \left(\sum H_i^{\mathrm{T}} W_i H_i + \overline{\boldsymbol{P}}_0^{-1} \right)^{-1} \tag{6.10}$$

式（6.4）～式（6.10）为现代化统计定轨软件的核心算法（Tapley et al., 2004）。精密定轨的本质即通过大量的观测值，确定最小二乘意义上的初始状态量的最优估值。一些著名的精密定轨软件系统，如 ODP、GTDS、GEODYN-II 等均采用这些核心算法。式（6.9）是基于摄动理论的线性展开，解算需要迭代进行，通过设置收敛准则来确定迭代次数，以最终得到待求参数值。一个完整的现代化精密定轨软件系统必须包括时空基准系统、动力学模型、观测模型、数值积分器和滤波器等功能模块，批处理定轨流程如图 6.2 所示。

6.1.2 月球重力场恢复方法

月球引力的表达与地球相似，均是用一个位函数来表达。引力位是一个调和函数，用一个球谐函数的无穷级数来表示（Heiskanen and Moritz, 1967）：

$$V = \frac{GM}{r} \sum_{n=0}^{\infty} \left(\frac{R}{r} \right)^n \sum_{m=0}^{n} (\overline{C}_{nm} \cos m\lambda + \overline{S}_{nm} \sin m\lambda) \overline{P}_{nm} \sin \varphi \tag{6.11}$$

式中：GM 为月球月心引力常数（等于万有引力常数 G 和月球总质量 M 的乘积）；R 为月球参考半径；(r, λ, φ) 为月心球坐标，分别表示月心向径、经度、纬度；$\overline{C}$ 和 $\overline{S}$ 均为正规化球谐系数；n, m 分别为阶数、次数；$\overline{P}_{n,m}(\mu)$ 为正规化缔合勒让德函数，$n=0$ 部分即中心引力项，引力位非球形部分（$n \geq 2$）的一阶导数是卫星受到的主要摄动力，即非球形摄动力 f_{NS}。

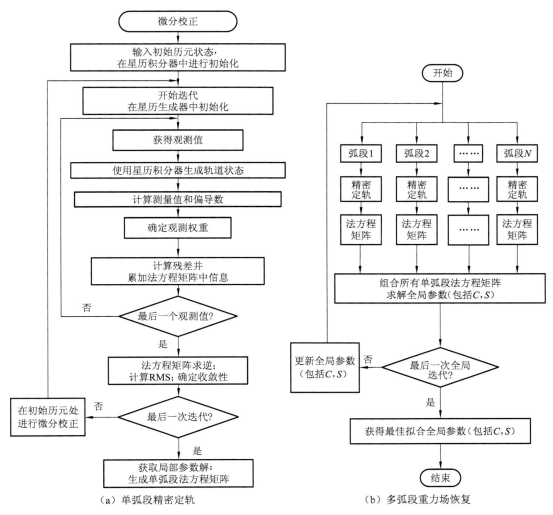

（a）单弧段精密定轨   （b）多弧段重力场恢复

图 6.2 单弧段批处理与重力场恢复流程图

修改自 Ye 等（2018）

月球重力场确定即通过大量的观测值获取正规化球谐系数($\overline{C}, \overline{S}$)的最优解，其个数 N 与最高阶数 $l_{\max}$ 成平方比的关系：$N = l_{\max}^2 + 2l_{\max} - 3$。目前利用 GRAIL 数据解算的月球重力场模型最高阶次已高达 1500 阶次，参数个数多达 200 多万，需要超级计算机进行并行计算。表 6.1 给出了不同解算阶次所对应的参数个数。

表 6.1 不同重力场阶次对应的重力场系数个数

项目	最高阶次					
	100	200	400	600	900	1500
参数个数	10 197	40 397	160 797	361 197	811 797	2 252 997

由于单个弧段的观测值数量相对于求解的重力场的海量个数较少，仅靠单个弧段解算重力场模型系数，式（6.8）将出现秩亏现象，在月球重力场及其他行星重力场解算中普遍采用多弧段联合求解方法。对于 6.1.1 小节中待估状态 $\hat{x}_0$，可以按照出现的位置分为动力学（dynamic）参数向量和运动学（kinematics）参数向量。动力学参数是指出现在运动方程［式（6.1）］中的待估参数，包括卫星初始轨道根数、太阳光压系数、行星重力场系数等；运动学参数是指不出现在运动方程中的待估参数，包括跟踪站坐标、测量偏差、时间偏差、地球自转参数等。

在多弧段定轨中，一些待估参数对每个弧段的处理都是共同的，如重力场参数、测站坐标，另一些参数只与弧段相关。基于此，可以将参数分为全局参数（global parameters）和局部参数（local parameters）。局部参数只与弧段相关联，包括初始轨道根数、大气阻力系数、光压系数、测站偏差（每次观测时段测距和测速的偏差）等；全局参数与所有的定轨弧段均有关系，包括行星重力场系数、行星着陆器位置、固体潮勒夫（Love）数等。

目前，高精度的月球、火星等行星重力场模型的解算主要基于动力法轨道解算原理，在求解参数中引入行星重力场模型位系数，即在参数矢量中引入重力场模型位系数序列 $\{C_{nm}, S_{nm}\}$，联合多弧段进行求解，每个弧段均可得到类似式（6.7）的法方程，将待估参数按照全局参数和局部参数进行划分，可得到如下法方程的形式：

$$\begin{bmatrix} A_{11} & A_{12} \\ A_{21} & A_{22} \end{bmatrix} \begin{bmatrix} x_1 \\ x_2 \end{bmatrix} = \begin{bmatrix} b_1 \\ b_2 \end{bmatrix} \tag{6.12}$$

式中：A_{11} 为局部参数的法方程矩阵；A_{22} 为全局参数的法方程矩阵；x_1 为局部参数向量；x_2 为全局参数向量；b_1 和 b_2 为式（6.7）右部分残差相关项。对多个弧段进行处理，可得到一系列法方程：

$$\begin{bmatrix} A_{11}^{(1)} & A_{12}^{(1)} \\ A_{21}^{(1)} & A_{22}^{(1)} \end{bmatrix} \begin{bmatrix} x_1^{(1)} \\ x_2 \end{bmatrix} = \begin{bmatrix} b_1^{(1)} \\ b_2^{(1)} \end{bmatrix}$$
$$\begin{bmatrix} A_{11}^{(2)} & A_{12}^{(2)} \\ A_{21}^{(2)} & A_{22}^{(2)} \end{bmatrix} \begin{bmatrix} x_1^{(2)} \\ x_2 \end{bmatrix} = \begin{bmatrix} b_1^{(2)} \\ b_2^{(2)} \end{bmatrix} \tag{6.13}$$
$$\vdots$$
$$\begin{bmatrix} A_{11}^{(n)} & A_{12}^{(n)} \\ A_{21}^{(n)} & A_{22}^{(n)} \end{bmatrix} \begin{bmatrix} x_1^{(n)} \\ x_2 \end{bmatrix} = \begin{bmatrix} b_1^{(n)} \\ b_2^{(n)} \end{bmatrix}$$

式中：上标表示弧段编号 $1 \sim n$。将系列法方程式（6.13）按照全局参数和局部参数进行扩展组合，表达成如下形式：

$$\begin{bmatrix} A_{11}^{(1)} & 0 & \cdots & 0 & A_{12}^{(1)} \\ 0 & A_{11}^{(2)} & \cdots & 0 & A_{12}^{(2)} \\ \vdots & \vdots & & \vdots & \vdots \\ 0 & 0 & \cdots & A_{11}^{(n)} & A_{12}^{(n)} \\ A_{21}^{(1)} & A_{21}^{(2)} & \cdots & A_{21}^{(n)} & A_{22}^{(1)}+A_{22}^{(2)}+\cdots+A_{22}^{(n)} \end{bmatrix} \begin{bmatrix} x_1^{(1)} \\ x_1^{(2)} \\ \vdots \\ x_1^{(n)} \\ x_2 \end{bmatrix} = \begin{bmatrix} b_1^{(1)} \\ b_1^{(2)} \\ \vdots \\ b_1^{(n)} \\ b_2^{(1)}+b_2^{(2)}+\cdots+b_2^{(n)} \end{bmatrix} \tag{6.14}$$

对上述联合矩阵每个弧段部分采取矩阵行变换，可得到如下形式：

$$\begin{bmatrix} I & 0 & \cdots & 0 & (A_{11}^{(1)})^{-1}A_{12}^{(1)} \\ 0 & I & \cdots & 0 & (A_{11}^{(2)})^{-1}A_{12}^{(2)} \\ \vdots & \vdots & & \vdots & \vdots \\ 0 & 0 & \cdots & I & (A_{11}^{(n)})^{-1}A_{12}^{(n)} \\ 0 & 0 & \cdots & 0 & \begin{array}{c} A_{22}^{(1)}+A_{22}^{(2)}+\cdots+A_{22}^{(n)} \\ -(A_{21}^{(1)}(A_{11}^{(1)})^{-1}A_{12}^{(1)} \\ +A_{21}^{(2)}(A_{11}^{(2)})^{-1}A_{12}^{(2)}+\cdots \\ +A_{21}^{(n)}(A_{11}^{(n)})^{-1}A_{12}^{(n)}) \end{array} \end{bmatrix} \begin{bmatrix} x_1^{(1)} \\ x_1^{(2)} \\ \vdots \\ x_1^{(n)} \\ \\ x_2 \end{bmatrix} = \begin{bmatrix} (A_{11}^{(1)})^{-1}b_1^{(1)} \\ (A_{11}^{(2)})^{-1}b_1^{(2)} \\ \vdots \\ (A_{11}^{(n)})^{-1}b_1^{(n)} \\ \begin{array}{c} b_2^{(1)}+b_2^{(2)}+\cdots+b_2^{(n)} \\ -(A_{21}^{(1)}(A_{11}^{(1)})^{-1}b_1^{(1)} \\ +A_{21}^{(2)}(A_{11}^{(2)})^{-1}b_1^{(2)}+\cdots \\ +A_{21}^{(n)}(A_{11}^{(n)})^{-1}b_1^{(n)}) \end{array} \end{bmatrix} \quad (6.15)$$

式中：I 为单位矩阵。

从式（6.15）中可以解算出全局参数向量 x_2（包括正规化球谐系数($\bar{C}$, $\bar{S}$)、行星着陆器位置、固体潮勒夫数等全局参数），依次回代即可解算出局部参数向量 $x_1^{(n)}, \cdots, x_1^{(2)}, x_1^{(1)}$（只与弧段相关，包括初始轨道根数、光压系数、测站偏差等）。整个多弧段解算流程如图 6.2（b）所示。

6.2 月球正常重力场

假设地球是一个密度均匀且光滑的理想椭球体，或是一个密度成层状分布的光滑椭球体，且同一层内密度均匀、各层的界面也都是共焦旋转椭球面，则球面上各点的重力位或重力值都可根据地球的总质量、长短半径和自转角速度等参数计算得到（Heiskanen and Moritz，1967）。椭球的正常重力场与地球实际重力场相差很小，在实际应用中可将地球实际重力场规则化，即地球重力场可分为规则部分的正常重力场与非规则部分的异常重力场（重力异常或扰动重力）。在实际的重力场分离出正常部分后，剩下的一小部分重力异常或重力扰动的确定就变得较为简单。

月球与地球类似，也是一个旋转的、赤道半径略大于极半径的椭球体，在月球重力场研究中，也可以将月球实际重力场表达为月球正常重力和重力异常（或重力扰动）。

6.2.1 正常重力场的确定

正常椭球体是水准椭球，也是旋转椭球，其椭球面为等位面。根据克莱罗（Clairaut）定理，知道下面三个参数即可确定正常重力场的等位函数：①旋转椭球的形状（椭球长短半径）；②总质量；③角速度。通过推导，可得到正常椭球的正常重力位（Heiskanen and Moritz，1967）为

$$U(\mu, \beta) = \frac{kM}{E}\tan^{-1}\left(\frac{E}{\mu}\right) + \frac{1}{2}\omega^2 a^2 \frac{q}{q_0}\left(\sin^2\beta - \frac{1}{3}\right) + \frac{1}{2}\omega^2(\mu^2 + E^2)\cos^2\beta \quad (6.16)$$

式中：a、b 分别为椭球的长、短半径；kM 为引力常数与质量的乘积；$E = \sqrt{a^2 - b^2}$；μ

为计算点的矢径长，在椭球面上，$\mu = b$；β 为归化纬度；ω 为自转角速度；q 和 q_0 表示如下：

$$q = \frac{1}{2}\left[\left(1 + 3\frac{\mu^2}{E^2}\right)\tan^{-1}\frac{E}{\mu} - 3\frac{\mu}{E}\right]$$

当 $\mu = b$ 时

$$q_0 = q_{\mu=b} = \frac{1}{2}\left[\left(1 + 3\frac{b^2}{E^2}\right)\tan^{-1}\frac{E}{b} - 3\frac{b}{E}\right] \quad (6.17)$$

在椭球坐标系下求导数，并经过变化，得到

$$\gamma = \frac{kM}{a\sqrt{a^2\sin^2\beta + b^2\cos^2\beta}} \times \left[\left(1 + \frac{m}{3}\frac{e'q_0'}{q_0}\right)\sin^2\beta + \left(1 - m - \frac{m}{6}\frac{e'q_0'}{q_0}\right)\cos^2\beta\right] \quad (6.18)$$

赤道上 $\beta = 0$，有

$$\gamma_a = \frac{kM}{ab} \times \left(1 - m - \frac{m}{6}\frac{e'q_0'}{q_0}\right) \quad (6.19)$$

两极上 $\beta = \pm 90°$，有

$$\gamma_b = \frac{kM}{a^2} \times \left(1 + \frac{m}{3}\frac{e'q_0'}{q_0}\right) \quad (6.20)$$

式中

$$m = \frac{\omega^2 a^2 b}{kM} \quad (6.21)$$

$$e' = \frac{E}{b} = \frac{\sqrt{a^2 - b^2}}{b} \quad (6.22)$$

$$q' = 3\left(1 + \frac{\mu^2}{E^2}\right)\left(1 - \frac{\mu}{E}\tan^{-1}\frac{E}{\mu}\right) - 1$$

当 $\mu = b$ 时

$$q_0' = q_{\mu=b}' = 3\left(1 + \frac{b^2}{E^2}\right)\left(1 - \frac{b}{E}\tan^{-1}\frac{E}{b}\right) - 1 \quad (6.23)$$

将式（6.19）和式（6.20）代入式（6.18），得到正常椭球上每一点的正常重力，表示为

$$\gamma = \frac{a\gamma_b\sin^2\beta + b\gamma_a\cos^2\beta}{\sqrt{a^2\sin^2\beta + b^2\cos^2\beta}} \quad (6.24)$$

在椭球中，地理纬度 φ 和归化纬度 β 的关系为

$$\tan\beta = \frac{b}{a}\tan\varphi$$

所以

$$\gamma = \frac{a\gamma_a\cos^2\varphi + b\gamma_b\sin^2\varphi}{\sqrt{a^2\cos^2\varphi + b^2\sin^2\varphi}} \quad (6.25)$$

通过简化得到（Heiskanen and Moritz，1967）

$$\gamma = \gamma_a \left[1 + \left(-f + \frac{5}{2}m + \frac{1}{2}f^2 - \frac{26}{7}fm + \frac{15}{4}m^2 \right) \sin^2 \varphi + \left(-\frac{1}{2}f^2 + \frac{5}{2}fm \right) \sin^4 \varphi \right] \quad (6.26)$$

式中：γ_a 为赤道上的正常重力；f 为参考椭球的形状扁率；φ 为纬度；m 由以下公式计算得到：

$$m = \frac{\omega^2 a^2 b}{kM} \approx \frac{\omega^2 a^2 a}{kM} = \frac{a\omega^2}{kM/a^2} = \frac{赤道上的离心力}{赤道上引力} \quad (6.27)$$

令

$$f_2 = -f + \frac{5}{2}m + \frac{1}{2}f^2 - \frac{26}{7}fm + \frac{15}{4}m^2 \quad (6.28)$$

$$f_4 = -\frac{1}{2}f^2 + \frac{5}{2}fm \quad (6.29)$$

$$\sin^4 \varphi = \sin^2 \varphi - \frac{1}{4}\sin^2 2\varphi \quad (6.30)$$

代入式（6.26），得到

$$\gamma = \gamma_a \left(1 + f^* \sin^2 \varphi - \frac{1}{4}f_4 \sin^2 2\varphi \right) \quad (6.31)$$

式中：$f^* = f_2 + f_4 = \dfrac{\gamma_b - \gamma_a}{\gamma_a}$，描述了重力扁率的大小（Heiskanen and Moritz，1967）。

6.2.2 月球和地球正常重力特征差异

式（6.26）描述了正常重力随椭球扁率、自转速度和纬度的关系。为了方便将月球和地球的正常重力进行比较，表 6.2 给出了利用月球和地球相关系数（丰海 等，2013；欧阳自远，2006）计算的 f、ω 和 m 等参数的数值。

表 6.2　与计算正常重力相关的月球和地球参数

参数	月球	地球
f	0.0005	0.0034
$\omega / (\mathrm{rad/s})$	$2.662\,592\,30 \times 10^{-6}$	$0.729\,211\,51 \times 10^{-4}$
m	$7.580\,14 \times 10^{-6}$	$0.003\,449\,86$
f_2	$-0.001\,168\,6$	$0.005\,294\,3$
f_4	$-6.833\,671\,6 \times 10^{-7}$	$-0.000\,005\,9$
f^*	$-0.001\,169\,2$	$0.005\,288\,4$

将表 6.2 中的参数代入式（6.31），可以得到月球和地球的正常重力值与纬度的关系：

$$\gamma_{\text{Moon}} = 162.5420 \times (1 - 0.001\,169\,2 \times \sin^2 \varphi - \frac{1}{4} \times 6.833\,671\,6 \times 10^{-7} \times \sin^2 2\varphi) \quad (6.32a)$$

$$\gamma_{\text{Earth}} = 978.0490 \times (1 + 0.005\,228\,4 \times \sin^2 \varphi - \frac{1}{4} \times 5.9 \times 10^{-6} \times \sin^2 2\varphi) \quad (6.32b)$$

式（6.32a）和式（6.32b）分别描述了月球和地球的正常重力随纬度的变化。如

图 6.3 所示，月球和地球的正常重力随纬度变化显示出一种相反的趋势，月球的正常重力随纬度的增加而减小，而地球的正常重力随纬度的增加而增大。月球上，在赤道处 $\varphi = 0°$，$\gamma = 162.54\,\text{Gal}$；在两极 $\varphi = \pm90°$，$\gamma = 162.35\,\text{Gal}$，月球两极的正常重力小于赤道处的正常重力，差值约为 0.19 Gal。而地球上，在赤道处 $\varphi = 0°$，$\gamma = 978.04\,\text{Gal}$；在两极 $\varphi = 90°$，$\gamma = 983.79\,\text{Gal}$。地球两极的正常重力大于赤道处的正常重力，差值约为 5 Gal。从直观原因上分析，主要是因为：

$$f^* = \frac{\gamma_b - \gamma_a}{\gamma_a} = f_2 + f_4 \approx -f + \frac{5}{2}m \tag{6.33}$$

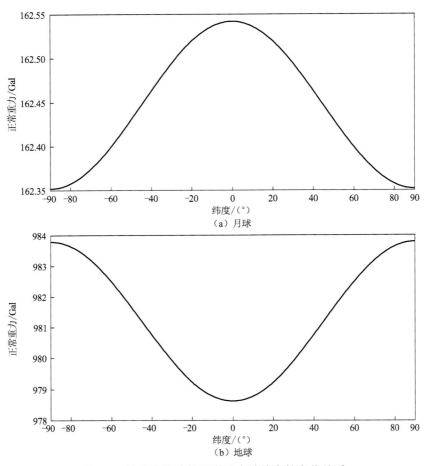

（a）月球

（b）地球

图 6.3　月球和地球的正常重力随纬度的变化关系

　　月球上，f 比 m 大两个数量级，$f^* < 0$，赤道上的正常重力大于两极处的正常重力；而地球上，f 与 m 在数值上基本相等，$-f + \frac{5}{2}m > 0$，即 $f^* > 0$，赤道上的正常重力小于两极处的正常重力。同时，由式（6.27）可以看出，m 的大小描述了赤道的离心力占引力的大小，在月球上，m 值非常小，离心力是可以忽略不计的。因此，在一般的月球重力场研究中，只考虑月球的引力场，而并没有考虑离心力场，但在地球上，离心力场是不可以忽略的。

月球和地球的正常重力大小随纬度的变化出现了相反的变化趋势，进一步对太阳系内火星和水星的正常重力进行计算，结果如图 6.4 所示。通过分析发现，火星正常重力随纬度的变化与地球的变化趋势相同，而水星正常重力随纬度的变化与月球的变化趋势相同。

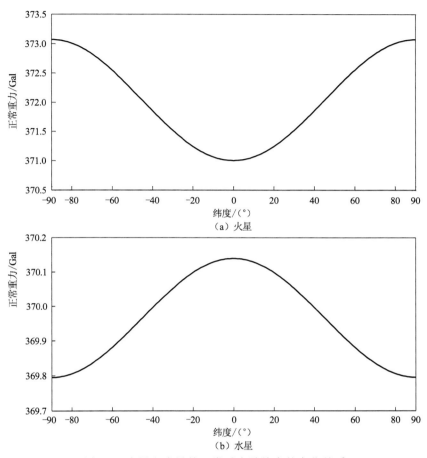

图 6.4　火星和水星的正常重力随纬度的变化关系

　　月球和地球的正常重力随纬度的变化呈现了相反的趋势，月面和地面实测重力是否会出现上述反趋势现象？图 6.5 显示了由 GRAIL 重力卫星获取的高精度重力场模型（Goossens et al.，2019）延拓计算的月球 0° 和 180° 经线在实际月面与半径为 1738 km 球面上的实际重力加速度随纬度的变化。从图中可以看出，实际的月面重力并没有表现出正常重力两极和赤道对应的大小关系。主要是因为月球两极的正常重力与赤道处的正常重力仅差约 0.2 Gal，而地形和局部密度差异造成的重力影响远大于 0.2 Gal。图 6.6 显示了高精度 EGM2008 重力场模型计算的地球 0° 和 180° 经线上地面的实际重力随纬度的变化。从图中可以看出，实际的重力与其正常重力在两极和赤道的对应大小关系相似。

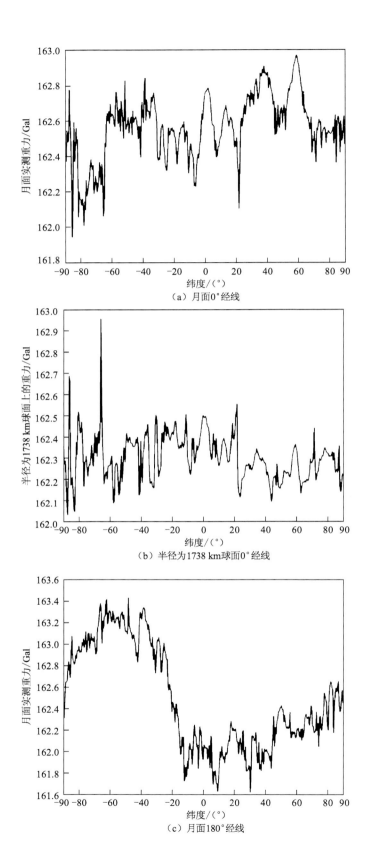

（a）月面0°经线

（b）半径为1738 km球面0°经线

（c）月面180°经线

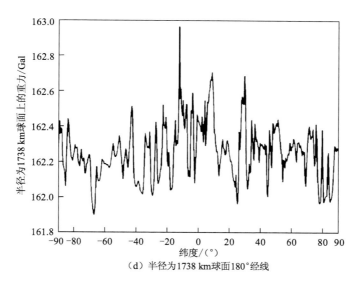

（d）半径为1738 km球面180°经线

图 6.5　月球实测重力沿纬度的变化

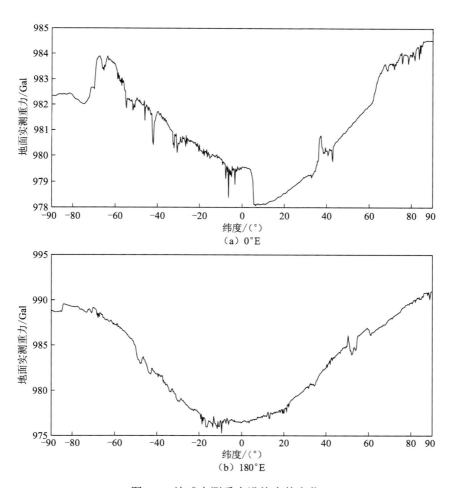

（a）0°E

（b）180°E

图 6.6　地球实测重力沿纬度的变化

6.3 主流月球探测器精密定轨及重力场解算软件

月球重力场模型的构建与探测器的精密定轨密不可分（图6.2），而探测器精密轨道的计算完全依赖定轨软件平台的支撑，因此，月球探测器精密定轨软件系统的研制在深空探测中具有重要的工程和科学意义。深空探测器精密定轨软件主要集中在一些欧美航天机构，如喷气推进实验室（JPL）、戈达德航天飞行中心（GSFC）、欧洲航天中心（European Space Agency，ESA）等，具有代表性的软件包括 DPTRAJ/ODP 和 MONTE、GEODYN-II、GINS 等。我国在开展嫦娥系列任务和火星任务中，北京航天飞行控制中心、西安卫星测控中心、中国科学院上海天文台等单位也分别研制了其定轨定位软件系统，以满足工程需求。武汉大学为满足深空探测行星测地学的需求，自主开发了武汉大学深空探测器精密定轨与重力场解算软件系统（Wuhan University Deep-space Orbit determination and Gravity recovery System，WUDOGS）（叶茂 等，2017a；2017b），该系统主要侧重于轨道数据的科学应用。表6.3 列出了国内外典型的深空定轨软件系统及部分重力场产品（李斐 等，2022）。

表 6.3　国内外典型的深空定轨与重力场恢复软件系统及产品

软件名	国家	研制机构与时间	主要开发语言	典型深空探测任务	部分重力场产品
GEODYN-II/SOLVE	美国	NASA/GSFC 1984 年至今	Fortran	LP/SELENE/GRAIL/DAWN 等	月球 LP、SELEN 和 GRAIL 系列重力场模型、火星 MGS 系列重力场模型等
DPTRAJ/ODP	美国	NASA/JPL 1963~2005 年	Fortran	Pioneer/Viking/Voyager/Magellan/Cassini 等	月球 LP、SELEN 和 GRAIL 系列重力场模型、火星 MGS 系列重力场模型等
MONTE	美国	NASA/JPL 1998 年至今	C++/Python	CASSINI/JUNO/BepiColombo 等	土星、木星系列重力场模型等
GINS	法国	CNES 20 世纪 70 年代至今	Fortran	MGS/MEX/ODY/INSIGHT	火星、金星重力场模型
ORBIT14	意大利	比萨大学 2007 年至今	Fortran	MESSENGER/JUNO/JUICE/BepiColombo	木星、水星重力场模型
WUDOGS	中国	武汉大学 2011 年至今	Fortran	CE/MEX/Rosetta	月球重力场 CEGM03、火卫一 Phobos 重力场、小行星 Lutetia 等

为说明深空探测器精密定轨的主要功能和原理，以武汉大学自主研发的 WUDOGS 为例，本小节介绍其基本架构。WUDOGS 的设计主要是为了满足行星重力场模型和相关动力学参数解算的需求，同时也具备行星探测器轨道预报和观测值模拟功能。为实现上述 3 大功能，软件采用自上而下设计、逐步求精的原则，将需求分成更细小的单位模块，具体包括：容错模块、常数模块、基本数学函数模块、输入参数总控制模块[包含测站控制参数（Mod_Ctr_Sta）、模拟控制参数（Mod_Ctr_Sim）、局部参数（Mod_Ctr_L）

和全局参数控制（Mod_Ctr_G）4 个部分]、地球定向参数模块（Mod_EarthAttitude）、行星历表模块（Mod_JPLEPH）、月球及行星定向模块（Mod_LunarAttitude）、重力场模块（Mod_Grav）、精密力模型模块（Mod_Force_Lunar）、数值积分器模块（Mod_NumIntegration）、开普勒二体问题模块（Mod_kepler）、观测值模型模块（Mod_Obs）、全局变量池模块（Mod_Global）、初始化模块（Mod_Initial）、运行模块（Mod_Run）及主程序（Main），这些模块的关系如图 6.7 所示。同时开发了其他的辅助工具，包括数据格式的转换、计算结果比较、作图、重力场可视化工具等。

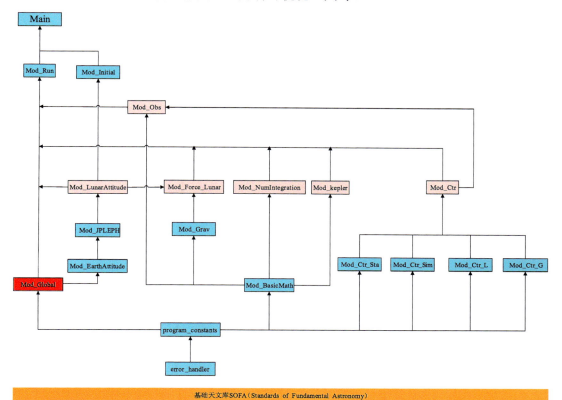

图 6.7　WUDOGS 主要模块框架示意图
引自叶茂（2016）

　　为方便用户的使用，WUDOGS 采用了极简的输入输出方式，降低用户的入门难度。在运行 WUDOGS 前，只需建立 3 个文件夹，分别是 Input Control Card、Input DATA 和 Output DATA。在 Input Control Card 中分别进行全局控制参数、局部控制参数、测站坐标信息、模拟控制参数的设置。在 Input DATA 中放入运行所需表文件，包括 EOP 参数、重力场参数、JPL 行星历表、观测值文件等，之后执行 WUDOGS 程序，WUDOGS 会将运算结果，如探测器事后精密星历、定轨残差等，返回至 Output DATA 文件夹中，供用户进行分析。WUDOGS 的输入输出文件流如图 6.8 所示。

　　将 WUDOGS 与国际上领先水平的行星探测器精密定轨软件系统 GEODYN-II 进行交叉验证测试，结果表明：对于月球、火星探测器的轨道预报，WUDOGS 与 GEODYN-II 的 1 个月位置差异小于 0.3 mm，2 天位置差值小于 5×10^{-3} mm；双程测距、双程测速的

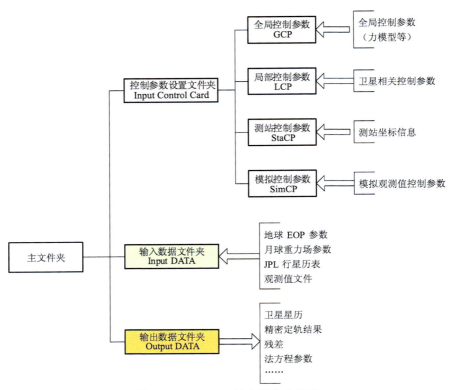

图 6.8　WUDOGS 输入输出文件流

理论计算值和 GEODYN-II 的差值 RMS 分别在 0.06 mm、0.002 mm/s 的水平(叶茂，2016)。对月球探测器嫦娥一号的精密定轨表明，在采用完全一致的定轨策略后，WUDOGS 和 GEODYN-II 可符合 2 cm 水平。对美国月球探测器 LRO 实测跟踪数据的处理分析表明，WUDOGS 得到的 LRO 事后精密轨道和 GSFC 的精密轨道三维符合在 10 m 量级、径向 1 m 水平（叶茂 等，2023）。WUDOGS 目前已具备月球、火星、小天体探测器精密定轨和重力场解算能力。

6.4　不同测量模式获取的月球重力场模型

6.4.1　早期重力场模型

　　月球重力场的研究伴随着月球卫星的成功发射而逐渐展开。用于解算月球重力场的月球卫星轨道摄动数据的获取与对卫星的观测方式及卫星的绕月方式紧密相关。

　　早期月球重力场的研究始于 1966 年苏联发射的月球 10 号（Luna-10）航天器及美国月球轨道器（Lunar Orbiter）、阿波罗（Apollo）系列探测器。将重力场以球谐函数级数方式展开，并利用月球探测器轨道跟踪数据求解球谐系数，从而构建重力场模型。这一时期的月球探测器采用地面-卫星跟踪测量模式，即在地面跟踪站向卫星发射无线电多普勒信号，通过星上转发设备，将信号传回地面跟踪站，如图 6.9 所示。

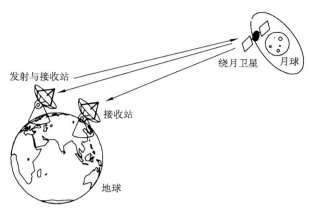

发射与接收站

绕月卫星

月球

接收站

地球

图 6.9　地面-卫星空间跟踪技术示意图

由于当时所跟踪的卫星多为高轨道小倾角卫星，跟踪数据覆盖范围局限于月球赤道两侧，加之跟踪数据本身的质量限制和有限的计算能力，这段时间国际上公布的都是低阶次月球重力场模型，如表 6.4 所示。利用 Lunar Orbiter 1～4 轨道跟踪数据，最早发布的重力场模型仅为 8×4 阶。直到 Apollo 任务结束，月球重力场模型达到了 60 阶（Konopliv et al.，1993）。这一时期重力场模型首次发现月球重力场特殊结构"质量瘤"的存在，结合其他跟踪数据和样品数据，人类对月球的内核、天平动等物理性质有了初步的认识。

表 6.4　早期月球重力场模型

重力场模型阶次	航天器轨道跟踪数据	解算团队	研制单位
8×4	Lunar Orbiter 1～4	Lorell 和 Sjogren（1968）	JPL
15×8	Lunar Orbiter 1～5	Liu 和 Laing（1971）	JPL
13×13	Lunar Orbiter 1～5	Michael 和 Blackshear（1972）	兰利研究中心
16×16	Lunar Orbiter 1～5，Apollo 8、12、15、16	Bills 和 Ferrari（1980）	JPL
60×60	Lunar Orbiter 1～5，Apollo 15、16	Konopliv 等（1993）	JPL

6.4.2　高轨道大偏心率跟踪数据获取的重力场模型

作为首颗以重力场为主要探测目标的月球探测卫星，美国于 1993 年发射的克莱门汀（Clementine）号卫星是一个极轨大偏心率探测器（近月点高度为 400 km，远月点高度为 8300 km）。相较于早期 Lunar Orbiter 和 Apollo 系列卫星，Clementine 号卫星近月点轨道高度更低，在跟踪数据的均匀覆盖方面有较为明显的改进，具有更高的测量精度和更长的跟踪时段，可以为月球重力场模型解算提供更多低轨高精度跟踪数据，改善了月球重力场模型中低阶信号。同时，这一时期计算机处理能力的提高，也推动了月球重力场模型改进。

如表 6.5 所示，利用 Clementine 号多普勒跟踪数据，综合 Lunar Orbiter 1～5，Apollo 15、Apollo 16 等历史探测器观测数据，Zuber 等（1994）和 Lemoine 等（1997）相继发

布了 70 阶的月球重力场模型 GLGM-1 和 GLGM-2。相较于早期低阶重力场模型，GLGM
系列模型在模型阶次和可靠性上都有了较为明显的改善，证实了早期月球重力场模型的
主要特征，进一步提升了月球重力场模型的精度和分辨率。

表 6.5 Clementine 系列月球重力场模型

重力场模型阶次	航天器轨道跟踪数据	解算团队	研制单位
70×70 GLGM-1	Lunar Orbiter 1～5，Apollo 15、16，Clementine	Zuber 等（1994）	GSFC
70×70 GLGM-2	Lunar Orbiter 1～5，Apollo 15、16，Clementine	Lemoine 等（1997）	GSFC

6.4.3 低高度圆极轨道数据获取的重力场模型

月球勘探者号（Lunar Prospector，LP）于 1998 年发射，是一颗低高度圆极轨探测
卫星，正常任务阶段轨道高度为 100 km，扩展任务阶段平均轨道高度为 30 km。LP 探测
器轨道高度较低，轨道跟踪数据月面分布均匀，有利于改善月球重力场中高频信息。

利用 LP 正常任务及扩展任务阶段的多普勒跟踪数据及历史跟踪数据，Konopliv 等解
算得到了 100 阶的重力场模型 LP100J（Konopliv and Yuan，1999）、165 阶的月球重力场
模型 LP165P（Konopliv et al.，1998）、150 阶的模型 LP150Q（Konopliv et al.，2001）。Mazarico
等（2010）进一步综合 Lunar Orbiter 1～5、Apollo 15、16 号、Clementine、LP 及部分 LRO
跟踪数据给出了 150 阶的重力场模型 GLGM-3，有效改进了当时重力场模型的中高频信号，
满足 LRO 定轨需要。LP 系列月球重力场模型的具体信息如表 6.6 所示。

表 6.6 LP 系列月球重力场模型具体信息

重力场模型阶次	航天器轨道跟踪数据	解算团队	研制单位
75×75 LP75D/G	Lunar Orbiter 1～5，Apollo 15、16， Clementine，LP	Konopliv 等（1998）	JPL
100×100 LP100J/K	Lunar Orbiter 1～5，Apollo 15、16， Clementine，LP	Konopliv 和 Yuan（1999）	JPL
165×165 LP165Q	Lunar Orbiter 1～5，Apollo 15、16， Clementine，LP	Konopliv 等（2001）	JPL
150×150 GLGM-3	Lunar Orbiter 1～5，Apollo 15、16， Clementine，LP	Mazarico 等（2010）	MIT

LP 提供的轨道跟踪数据极大程度地改进了对月球重力场的认识，对月球正面重力场
的精化起到了重要的作用。当时认为，仅依靠地面跟踪模式，LP 系列重力场模型已经是
最佳的模型。在我国嫦娥卫星发射之初，LP 系列仍为当时最好的月球重力场参考模型。

6.4.4 高低卫星跟踪模式获取的重力场模型

2007 年的 SELENE 月球探测器首次采用了同波束甚长基线干涉测量（very-longbaseline interferometry，VLBI）技术，并借鉴地球重力场探测中的卫-卫跟踪模式，以高低卫星跟踪卫星的四程多普勒模式实现月球背面的直接测量，获取绕月卫星在月球背面的轨道摄动量。

图 6.10 为 SELENE 空间跟踪技术的示意图，即通过在高轨运行的卫星 Rstar 中继星（极轨道，100 km×2400 km）跟踪测量低轨主卫星 Orbiter（轨道为 100 km 高度的圆极轨道）。主卫星 Orbiter 在月球正面运行时，通过地面测站和主卫星的常规双程测距测速模式进行跟踪测量。当主卫星运行到月球背面时，通过地面测站（仅 Usuda 深空跟踪站）、中继卫星 Rstar 和主卫星四程多普勒链路测量的模式，实现背面的轨道跟踪测量。这一任务同时还增加了一颗 VLBI 星 Vstar（极轨道，100 km×800 km），Vstar 与中继卫星 Rstar 通过同波束测量模式进行高精度相对定位测量，以提高 Rstar 的定轨精度。

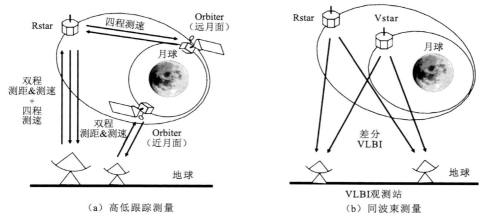

（a）高低跟踪测量　　　　　　　　　（b）同波束测量

图 6.10　SELENE 高低跟踪测量和同波束测量示意图

由于首次利用了月球背面的直接跟踪数据，Namiki 等（2009）发布的 90 阶次模型 SGM90d 相较之前的模型精度有显著的提高。随后，依据 SELENE 月球探测器正常任务阶段完整的四程多普勒测量数据，并结合历史月球探测器跟踪数据，又相继发布了 100 阶次的重力场模型 SGM100h（Matsumoto et al.，2010）和 SGM100i（Goossens et al.，2011a）。SELENE 系列月球重力场模型的具体信息如表 6.7 所示。

表 6.7　SELENE 系列月球重力场模型具体信息

重力场模型阶次	航天器轨道跟踪数据	解算团队	研制单位
90×90 SGM90D	SELENE	Namiki 等（2009）	九州大学、日本宇航局、日本国立天文台、东京大学
100×100 SGM100h	历史跟踪数据和 SELENE	Matsumoto 等（2010）	日本国立天文台
100×100 SGM100i	历史跟踪数据和 SELENE	Goossens 等（2011a）	日本国立天文台
150×150 SGM150j	历史跟踪数据和 SELENE	Goossens 等（2011b）	日本国立天文台

SELENE 绕月卫星在月球背面的轨道摄动量的获取，不仅有效改进了绕月探测器定轨精度，而且清晰表达出月球背面大尺度重力异常分布特征，显著改善了月球重力场的整体特征，对月球重力场的发展作出了显著贡献。

6.4.5 嫦娥系列卫星数据对重力场模型的改进

我国嫦娥系列绕月探测卫星的发射积累了大量轨道跟踪数据（双程测距和测速），覆盖了月球背面和两极部分区域，这些数据同样包含了丰富的重力场信息。由于重力场高频信号及噪声的衰减，嫦娥一号在 200 km 高度持续稳定的轨道数据有利于重力场低阶部分的求解。利用嫦娥一号月球探测器的跟踪数据，解算得到的 50 阶月球重力场模型 CEGM-01，10 阶之后的精度相较于 GLGM-2 有较为显著的提高（Yan et al.，2010）。综合之前的绕月卫星轨道跟踪数据，解算得到 100 阶的模型 CEGM-02，与同阶次的 SGM100h 模型相比，CEGM-02 模型中低阶项有较为显著的改进（Yan et al.，2012）。

2014 年发射了嫦娥五号 T1 飞行试验器（CE-5T1），21.3° 的轨道倾角使其轨道摄动数据与其他极轨卫星的轨道摄动数据相关性低，有利于检验和修正之前的重力场模型，由此计算得了 100 阶的月球重力场模型 CEGM-03（Yan et al.，2020）。与 SGM100h 模型相比，CEGM-03 在 5 阶项以内精度有显著改进，并在 80～100 阶表现出更高的地形相关性。

6.4.6 低−低卫星跟踪模式数据获取的重力场模型

美国于 2011 年 9 月发射了 GRAIL 探测卫星。该任务采用低轨卫星跟踪低轨卫星观测模式（图 6.11），两颗卫星轨道均为圆极轨道，在轨正常任务阶段平均轨道高度为 50 km，扩展任务阶段平均轨道高度为 23 km。GRAIL 任务提供了精度更高、分布更为均匀的星间 Ka 波段跟踪数据，精度达 0.5 μm/s，相较于传统 S 波段大约 1 mm/s 的精度，提高了4 个数量级。

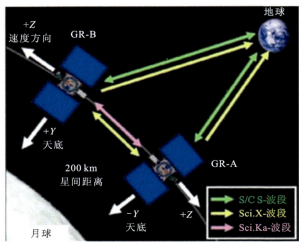

图 6.11　GRAIL 跟踪测量示意图

GRAIL 任务获得了系列的重力场模型，代表性的模型包括：GL0420A（Zuber et al.，2013）、GL0660B（Konopliv et al.，2013）、GL0900D（Konopliv et al.，2014）、GL1500E（Park et al.，2015）系列和 GRGM660PRIM（Lemoine et al.，2013）、GRGM900C（Lemoine et al.，2014）、GRGM1200A（Goossens et al.，2016）系列。与之前的重力场模型相比，GRAIL 获取的重力场模型改正精度达 3 个量级，部分阶次（50～120 阶）改进接近 6 个量级，空间分辨率最高可达 3.6 km。GRAIL 系列代表性重力场模型的具体信息如表 6.8 所示。

表 6.8　GRAIL 系列代表性重力场模型具体信息

重力场模型阶次	航天器轨道跟踪数据	解算团队	研制单位
420×420 GL0420A	GRAIL 星间测速（正常任务阶段数据）	Zuber 等（2013）	MIT
600×600 GRGM660PRIM	GRAIL 星间测速（正常任务阶段数据）	Lemoine 等（2013）	GSFC
GL0660B	GRAIL 星间测速（正常任务阶段数据）	Konopliv 等（2013）	JPL
GRGM900C	GRAIL 星间测速（正常和拓展任务阶段数据）	Lemoine 等（2014）	GSFC
GL0900D	GRAIL 星间测速（正常和拓展任务阶段数据）	Konopliv 等（2014）	JPL
GL1500E	GRAIL 星间测速（正常和拓展任务阶段数据）	Park 等（2015）	JPL
GRGM1200A	GRAIL 星间测速（正常和拓展任务阶段数据）	Goossens 等（2016）	GSFC

参 考 文 献

丰海，李建成，李大炜，等，2013. 新的月球大地水准面模型与参考三轴水准椭球. 大地测量与地球动力学, 33(4): 133-136.

李斐，郑翀，叶茂，等，2022. 月球形状及其重力场. 测绘学报, 51(6): 897-908.

欧阳自远，2006. 月球科学概论. 北京：中国宇航出版社.

叶茂，2016. 月球探测器精密定轨软件研制与四程中继跟踪测量模式研究. 武汉：武汉大学.

叶茂，陈子浩，李斐，等，2023. 面向国家自主需求的深空探测器精密定轨与重力场恢复系统 WUDOGS 2.0//中国天文学会行星科学与深空探测前沿研讨会 2023 联合学术年会，云南腾冲.

叶茂，李斐，鄢建国，等，2017a. 国内外深空探测器精密定轨软件研究综述及 WUDOGS 简介. 飞行器测控学报, 36(1): 45-55.

叶茂，李斐，鄢建国，等，2017b. 深空探测器精密定轨与重力场解算系统(WUDOGS)及其应用分析. 测绘学报, 46(3): 288-296.

Bills B G, Ferrari A S, 1980. A harmonic analysis of lunar gravity. Journal of Geophysical Research: Solid Earth, 85(B2): 1013-1025.

Goossens S, Matsumoto K, Liu Q, et al., 2011a. Lunar gravity field determination using SELENE same-beam differential VLBI tracking data. Journal of Geodesy, 85(4): 205-228.

Goossens S, Matsumoto K, Kikuchi F, et al., 2011b. Improved high-resolution lunar gravity field model from

SELENE and historical tracking data//Agu Fall Meeting Abstracts, San Francisco: P44B-05.

Goossens S, Lemoine F G, Sabaka T J, et al., 2016. A global degree and order 1200 model of the lunar gravity field using GRAIL mission data//47th Annual Lunar and Planetary Science Conference, Houston: 1484.

Goossens S, Sabaka T J, Wieczorek M A, et al., 2019. High-resolution gravity field models from GRAIL data and implications for models of the density structure of the Moon's crust. Journal of Geophysical Research: Planets, 125(2): e2019JE006086.

Heiskanen W A, Moritz H, 1967. Physical geodesy. Bulletin Géodésique, 86(1): 491-492.

Konopliv A S, Sjogren W L, Wimberly R N, et al., 1993. A high resolution lunar gravity field and predicted orbit behavior, AAS Paper 93-622//AAS/AIAA Astrodynamics Specialist Conference, Victoria.

Konopliv A S, Binder A B, Hood L L, et al., 1998. Improved gravity field of the Moon from Lunar Prospector. Science, 281(5382): 1476-1480.

Konopliv A S, Yuan D N, 1999. Lunar prospector 100th degree gravity model development. Lunar and Planetary Institute Science Conference Abstracts, 30: 1067.

Konopliv A S, Asmar S W, Carranza E, et al., 2001. Recent gravity models as a result of the lunar prospect mission. Icarus, 150(1): 1-18.

Konopliv A S, Park R S, Yuan D N, et al., 2013. The JPL lunar gravity field to spherical harmonic degree 660 from the GRAIL primary mission. Journal of Geophysical Research: Planets, 118(7): 1415-1434.

Konopliv S, Park R S, Yuan D N, et al., 2014. High-resolution lunar gravity fields from the GRAIL primary and extended missions. Geophysical Research Letters, 41(5): 1452-1458.

Lemoine F G, Smith D E, Zuber M T, et al., 1997. A 70th degree lunar gravity model (GLGM-2) from Clementine and other tracking data. Journal of Geophysical Research: Planets, 102(E7): 16339-16359.

Lemoine F G, Goossens S, Sabaka T J, et al., 2013. High degree gravity models from GRAIL primary mission data. Journal of Geophysical Research: Planets, 118(8): 1676-1698.

Lemoine F G, Goossens S, Sabaka T J, et al., 2014. GRGM900C: A degree 900 lunar gravity model from GRAIL primary and extended mission data. Geophysical Research Letters, 41(10): 3382-3389.

Liu A S, Laing P S, 1971. Lunar gravity analysis from long term effects. Science 173(4001): 1017-1020.

Lorell J, Sjogren W L, 1968. Lunar gravity: Preliminary estimates from lunar orbiter. Science, 159(3815): 625-627.

Matsumoto K, Goossens S, Ishihara Y, et al., 2010. An improved lunar gravity field model from SELENE and historical tracking data: Revealing the farside gravity features. Journal of Geophysical Research: Planets, 115(E6) : E05001.

Mazarico E, Lemoine F G, Han S C, et al., 2010. GLGM-3: A degree-150 lunar gravity model from the historical tracking data of NASA Moon orbiters. Journal of Geophysical Research: Planets, 115(E5): E05001.

Michael W H, Blackshear W T, 1972. Recent results on the mass, gravitational field and moments of inertia of the moon. The Moon, 3(4): 388-402.

Namiki N, Iwata T, Matsumoto K, et al., 2009. Farside gravity field of the moon from four-way Doppler measurements of SELENE(Kaguya). Science, 323(5916): 900-905.

Park R S, Konopliv A S, Yuan D N, et al., 2015. A high-resolution spherical harmonic degree 1500 lunar gravity field from the GRAIL mission//American Geophysical Union Fall Meeting Abstracts, San Francisco: G41B-01.

Tapley B, Schutz B, Born G, 2004. Statistical orbit determination. Amsterdam: Academic Press.

Yan J G, Li F, Ping J S, et al., 2010. Lunar gravity field model CEGM-01 based on tracking data of Chang'E-1. Chinese Journal of Geophysics, 53(12): 2843-2851.

Yan J G, Goossens S, Matsmoto K, et al., 2012. CEGM02: An improved lunar gravity model using Chang'E -1 orbital tracking data. Planetary and Space Science, 62(1): 1-9.

Yan J G, Liu S H, Xiao C, et al., 2020. A degree-100 lunar gravity model from the Chang'e 5T1 mission. Astronomy & Astrophysics, 636: A45.

Ye M G, Li F, Yan J, et al., 2018. The precise positioning of lunar farside lander using a four-way lander-orbiter relay tracking mode. Astrophysics and Space Science, 363(11): 236.

Zuber M T, Smith D E, Lemoine F G, et al., 1994, The shape and internal structure of the Moon from the Clementine mission. Science, 266(5192): 1839-1843.

Zuber M T, Smith D E, Watkins M M, et al., 2013. Gravity field of the Moon from the Gravity Recovery and Interior Laboratory (GRAIL) mission. Science, 339(6120): 668-671.

第 7 章

月球大地测量的应用

如 1.2 节所述，月球大地测量的应用领域有很多。本章聚焦与月球表面形态相关的大地测量应用，主要阐述运用大地测量方法和获得的数字高程模型，对月面着陆探测中着陆点选择及路径规划需要考虑的光照条件、通信条件及最优路径优化设计进行分析。

由于月球 DEM、日地月和地球测站的位置是在不同参考框架下描述的，本章在第 3 章时空坐标系统基础上，首先介绍与模型构建相关的地月坐标系之间的转换，然后阐述光照条件和通信条件的计算方法与流程，包括太阳高度角和视半径等基本概念，进而给出示例分析。最后，结合月球着陆探测的具体实际，讨论月球南极巡视器的路径规划，为后续月球南极探测提供借鉴。

7.1　基于 DEM 的月面光照条件评估

月球光照条件和通信条件的仿真模拟具有相同的计算原理，即依据大地测量获取的月球高分辨率 DEM，结合日、地、月轨道参数，在某特定时刻，对月球表面某点特定方向的光照和通信是否会被地形遮挡做出判断。以一定时间间隔进行多次判断，并将结果进行累计，即可得到月球表面累积光照图或累积通信图。

7.1.1　地月坐标系转换

进行光照和通信条件模拟计算时，需要使用由月球大地测量等方法获取的 DEM、地球地面观测站位置及星历确定的日、地、月质心位置。这些数据处于不同的参考框架下，地球地面观测站位置是通过 GPS 静态观测得到的 1984 年世界大地坐标系（world geodetic system 1984，WGS84）下的坐标，月面 DEM 数据使用的是月心月固坐标系，星历（如 DE421）确定的日、地、月质心位置是基于国际天球参考框架（ICRF）。进行光照和通信条件模拟计算时，需要将所有数据均归算到月心月固坐标系下。实现这些不同的参考框架及转换过程，是保证计算结果正确性的前提之一。

月心月固坐标系在第 3 章已经进行了详细的介绍。WGS84 是美国国家图像与测绘局（National Imagery and Mapping Agency）为支持全球定位系统（GPS）而建立的全球地心坐标系——WGS 系列坐标系的最新版本。WGS84 原点位于包括海洋和大气层在内的整个地球的质心，尺度为广义相对论意义下的局部地球框架，坐标轴的指向由国际时间局（BIH）1984.0 提供的数据来确定。本章使用的中国佳木斯、喀什及阿根廷内乌肯地面观测站的坐标是以 WGS84 坐标系为参考的，如表 7.1 所示。

表 7.1　三个地面观测站的 WGS84 坐标

测站	经度/（°）	纬度/（°）	大地高/m
佳木斯	130.770 833	46.494 166 7	200.0
喀什	75.968 333 3	39.479 166 7	1272.215
内乌肯	−70.149 444	−38.191 388 9	41.0630

在对测站坐标进行处理时需要进行 4 次转换，先将 WGS84 坐标转换到国际地球参考框架（ITRF）下，再将 ITRF 转到地心天球参考系（GCRS），然后将 GCRS 坐标系平移至月心天球参考系，最后将月心天球参考系坐标转为月心月固坐标系坐标。

1. WGS84 向 ITRF 坐标系统的转换

ITRF 是国际地球参考系（ITRS）的具体实现，由国际地球自转与参考系维持服务组织（IERS）来负责定义与维护，是通过 VLBI、SLR、GPS、DORIS 等空间观测技术分别单独处理，然后进行加权平均取值，最终得到一个统一的参考框架（即 ITRF），包含原点、尺度、定向、定向的时变、IERS 观测站的测站直角坐标及坐标的年变化率等信息。ITRF 解决方案几乎每年都由 ITRS 产品中心出版在其技术文档中。ITRF 与 WGS84 均为地心地固坐标系，可以通过坐标转化模型进行转化，如 BURSA 七参数模型（3 个旋转参数、3 个平移参数和 1 个尺度参数），公式如下：

$$\begin{bmatrix} X_T \\ Y_T \\ Z_T \end{bmatrix} = \begin{bmatrix} \Delta X \\ \Delta Y \\ \Delta Z \end{bmatrix} + \begin{bmatrix} 0 & -Z_S & Y_S \\ Z_S & 0 & -X_S \\ -Y_S & X_S & 0 \end{bmatrix} \begin{bmatrix} \varepsilon_X \\ \varepsilon_Y \\ \varepsilon_Z \end{bmatrix} + m \begin{bmatrix} X_S \\ Y_S \\ Z_S \end{bmatrix} + \begin{bmatrix} X_S \\ Y_S \\ Z_S \end{bmatrix} \tag{7.1}$$

式中：X_T、Y_T、Z_T 为目标坐标系 ITRF 空间直角坐标；X_S、Y_S、Z_S 为源坐标系 WGS84 空间直角坐标；3 个平移参数为 $[\Delta X \quad \Delta Y \quad \Delta Z]^T$；3 个旋转参数为 $[\varepsilon_X \quad \varepsilon_Y \quad \varepsilon_Z]^T$；1 个尺度参数为 m。

2. ITRF 地心地固坐标系统到 GCRS 的转换

地心天球参考系（GCRS）的原点为地球质心，参考平面为平行于地球的 J2000.0 平赤道面，x 轴指向 J2000.0 平春分点，z 轴顺月球自转方向，该坐标系也为右手坐标系。由于 GCRS 为惯性坐标系，当进行由 ITRF 坐标向 GCRS 坐标转换时，需考虑岁差、极移和章动，主要转换流程如图 7.1 所示。

岁差是因地球自转轴的空间指向和黄道平面的长期变化而引起的春分点移动现象，其运动速率为 50.26′/年，周期为 26 000 年。北天极除了均匀地每年向西运动，还要绕平北极做周期性的运动，运动的轨迹为椭圆，周期为 18.6 年，这种周期性的运动就是章动。将岁差和章动两种轨迹叠加，瞬时真北天极的运动实际上是一条波浪形的曲线，如图 7.2 所示。

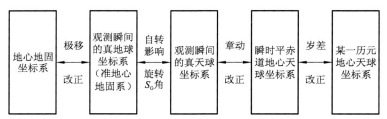

图 7.1　ITRF 地心地固坐标系到 GCRS 转换流程

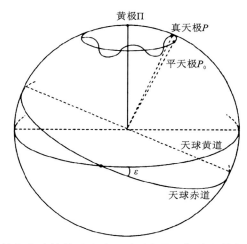

图 7.2　岁差和章动的共同影响下瞬时真北天极绕北黄极旋转的轨迹

　　经过岁差和章动的改正后，观测瞬间的真天球坐标系和观测瞬间的真地球坐标系的 Z 轴指向是相同的，不同的只是 X 轴的指向，瞬时真地球坐标系的瞬时自转轴指向格林尼治子午线与真赤道的交点，而瞬时天球坐标系的 X 轴指向真春分点，两者相差一个格林尼治真恒星时（S_G 角），通过绕自转轴的旋转，即可实现两坐标系统的统一。

　　观测瞬间的真地球坐标系是准地心地固坐标系，通过极移改正，就可实现到地心地固坐标系统的转换。极移是地球瞬时自转轴在地球本体内的运动，主要是由地球内部和外部多种动力学因素造成的。岁差和章动是地球连同它的自转轴在空间一起运动，地球与自转轴之间是固定不动的，没有发生相对的运动，在观测瞬间的真地球坐标系下会影响其他行星的位置坐标。而极移是脱离开地球本身而讨论的，换个角度来讨论，它是地球体相对于自转轴的转动，并不会影响地球自转轴在空间的指向，但会影响地面位置的坐标。此外，理解章动、岁差和极移还可以从天极的定义出发。这里所定义的天极，根据地球自转理论，从物理角度来讲，其实是角动量轴，代表了瞬时角动量方向。章动公式和地固坐标系都以该天极为参考极，天极相对于地固坐标系的运动就是极移的准确定义，它相对于空固坐标系的定义就是岁差和章动。

3. 地心天球坐标系统到月心天球坐标系统的转换

　　月心天球坐标系可以看作将地心天球坐标系平移至月球的质心得到的。两种天球坐标系统只是坐标原点位置不同，只需要进行简单的平移，即

$$\boldsymbol{R}_{月心} = \boldsymbol{R}_{地心} + \boldsymbol{R}_{L} \tag{7.2}$$

式中：$R_{月心}$ 为月心天球坐标系中的位置和速度矢量；$R_{地心}$ 为地心天球坐标系中的位置和速度矢量；R_L 为月球质心在地心天球坐标系中的位置和速度矢量。这些数据都可以在行星/月球历表中获得。

4. 月心天球坐标系到月心月固坐标系统的转换

与地固坐标系统的转换中用到岁差、章动和极移一样，从月心天球坐标系转换到月心月固坐标系统，要考虑月球天平动的影响。

月球是以相同的一面对着地球，只能看到月球的近月面，这主要是潮汐长期作用使得月球的自转周期等于月球绕地球的公转周期。但是，在地球上对月球观测的过程中，受天平动的影响，观测者可观测到月面范围的59%，这过半的部分属于月面边缘的摆动。按产生的机理不同，月球天平动分为光学天平动和物理天平动。光学天平动也称为几何天平动，分为纬度天平动、经度天平动和周日天平动。月球赤道和白道有 6°41′ 的夹角，当月球运行到白道的最北端时，可看见月球南极 6°41′ 的区域，这种南北方向上的摆动称为纬度天平动。同样，当月球从近地点到远地点运行时，速度会由快变慢，从远地点到近地点运动时，速度会逐渐加快，对于均匀自转的月球，月球在轨道上的位置就有时超前、有时落后自转的速度，这使得在西侧边缘的外侧，在经度方向上会有 7°45′ 的位置被地球上的观测者看到，这种在东西方向上的摆动称为经度天平动。周日天平动影响较小，是地球自转造成的，它使地面上的观测者从地-月中心连线的西侧转至东侧，因而先多看见一些月球的东侧，然后会多看见一些月球的西侧区域。地月的平均距离为 38 万 km，地球半径 6378 km，地球的自转将使观测者最多能在赤道的东西侧多看见约 30 km 的区域。需要说明的是，上面三种月球天平动是由观测者不同的观测位置造成的，都不是月球本真的真正摆动，所以只有视觉效果而没有力学效应。

不同于前面的三种，物理天平动是月球真正的摆动，是真实状态下月球的自转状态与卡西尼（Cassini）定则（郗晓宁，1999）的偏离造成的。1693 年，Cassini 通过长期的观测归纳出了月球自转所遵从的三条定则：①月球绕其最短的惯量主轴匀速自转，自转周期与绕地球的公转周期相等；②月球赤道面对黄道面的倾角为一常数；③月球赤道面、黄道面和白道面三者交于同一条直线，且黄道面位于中间。但月球不是一个均匀圆球，月球的实际自转状态要比这三条定则复杂得多，这只是一条近似的描述，也可以说，由于月球的三条主惯性轴长度不等，加上椭圆轨道造成的距离变化，在地球引力作用下，发生了对平均位置的偏移，其摆动的角度约为 0.04°。目前用于月球物理天平动研究的主要手段仍然是对月激光测距（LLR），由月球自转引起测距的变化，通过数值积分来求得月球自转相应的三个欧拉角（$\hat{\Omega}_L, \hat{u}_L, \hat{i}_L$）（张薇和刘林，2005）。

根据月心天球坐标系 r 和月心月固坐标系 R 之间的关系，可建立如下的转换关系（马高峰，2005）：

$$R = (M_1)r = (M_2)r \tag{7.3}$$

设 $\hat{\Omega}_L, \hat{u}_L, \hat{i}_L$ 为两坐标系统的三个旋转欧拉角，$M_1 = R(\hat{\Omega}_L)R(\hat{u}_L)R(\hat{i}_L)$，这三个欧拉角可以从 JPL 发布的行星精密星历中读取，同时，星历文件中还给出了三个欧拉角的变化率，则两坐标系统速度矢量也可以求得。需要说明的是，从行星精密历表中读取的三个欧拉角，已经包含了高精度的月球物理天平动信息。

利用式（7.3）中第二个等式计算旋转矩阵 M_2，需要利用月球的平根数和物理天平动信息来实现两坐标系统的转换（张皓，2006；马高峰，2005）。从星历文件的说明中可以知道，这两种坐标的转换方式是一致的，只是月球天平动三个分量的取项数量不同。

7.1.2 星历文件及 SPICE 内核文件

为获取日、地、月或其他天体的位置，需用到星历，美国喷气推进实验室（JPL）的 DE 系列历表是目前使用最为广泛的历表，历表以切比雪夫（Chebyshev）多项式的形式给出了太阳、行星和月球的位置及速度，以及地球章动和月球天平动的数据。针对给定的时刻，利用其给出的 Chebyshev 多项式进行插值即可得到目标天体的位置和速度等信息，本章使用的星历是 DE421 版本，以国际天球参考框架（ICRF）为参考。ICRF 是国际地球自转服务（IERS）基于各国的 VLBI 网每年提供的河外射电源坐标确立较为稳定的坐标框架。

通常情况下，可以利用 SPICE 读取星历从而获取日、地、月的位置，进行从协调世界时（UTC）到质心力学时（TDB）的转换、从地心地固坐标系到月心月固坐标系的转换和高度角计算等。本章使用的 SPICE 内核文件如表 7.2 所示。

表 7.2　本章使用的 SPICE 内核文件

内核文件	描述
naif0012.tls	跳秒文件
de421.bsp	星历文件
moon_080317.tf	月球定向数据
moon_assoc_me.tf	
moon_pa_de421_1900_2050.bpc	
pck00010.tpc	行星定向、形状数据
earth_assoc_itrf93.tf	地球定向数据
earth_070425_370426_predict.bpc	

7.1.3 模拟方法

1. 高度角与视半径

如图 7.3 所示，点 O_1 为中心天体的质心，点 O_2 为目标天体的质心，A 为中心天体表面待计算点，线 CD 为过 A 点的球 O_1 的切线，线 AF 为球 O_2 的切线，θ 为目标天体在

点 A 的高度角。

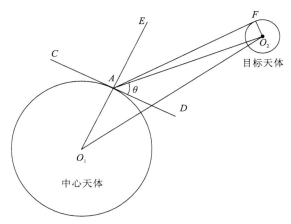

图 7.3　太阳高度角与视半径计算示意图

点 O_1 和 O_2 在每个时刻的位置可以通过星历得到，A 为待计算点，坐标已知，可以得到向量 $\boldsymbol{AO_2}$、$\boldsymbol{O_1A}$，则高度角可以表示为

$$\theta = \arccos\left(\frac{\boldsymbol{AO_2} \cdot \boldsymbol{O_1A}}{|\boldsymbol{AO_2}||\boldsymbol{O_1A}|}\right) - \frac{\pi}{2} \tag{7.4}$$

当考虑太阳的高度角时，太阳的视半径不可忽视。太阳视半径约为 $0.5°$，随着与太阳的距离发生变化。为准确地获得光照模拟结果，应当将太阳视为面光源，对视半径进行实时计算。$\angle FAO_2$ 即为视半径角，可表示为

$$\angle FAO_2 = \arcsin\left(\frac{O_2F}{AO_2}\right) \tag{7.5}$$

2. 射线追踪法

按式（7.4）计算出目标方向高度角后，还不能确定待计算点在目标方向的可见性，还需判断地形起伏是否会对目标方向发生遮挡。如图 7.4 所示，M、N 为月球表面两点，AB 为过 M 的切线，HM 为目标方向，PN 可视为 N 点的高程，判断 N 点地形是否阻挡 MH 方向，即判断 $\angle NMB$ 和 $\angle HMB$ 的大小。$\angle HMB$ 记为 φ，即为 N 点在 M 处的高度角，$\angle MON$ 记为 θ。

已知 N 点的经纬度，高程可由 DEM 得到，则 N 也为已知点，而 M 为已知点，可以得到向量 $\boldsymbol{OM}$ 和 $\boldsymbol{MN}$，则 $\angle NMB$ 可表示为

$$\angle NMB = \arccos\left(\frac{\boldsymbol{OM} \cdot \boldsymbol{MN}}{|\boldsymbol{OM}||\boldsymbol{MN}|}\right) - \frac{\pi}{2} \tag{7.6}$$

射线追踪法即在给定的某个时刻，对于每个待计算 DEM 的格网点 M，通过星历文件获取 HM 方向后，沿着目标方向 MH，以一定分辨率使 θ 从 0 逐渐增大，对于给定的 θ，可通过 DEM 获取 N 点高程，角 φ 可由式（7.4）计算得到，$\angle NMB$ 可由式（7.6）计算

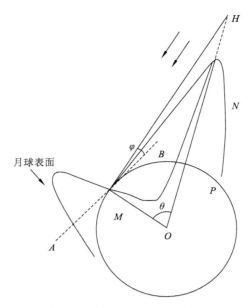

图 7.4　判断地形遮挡示意图

得到，通过判断 φ 与 $\angle NMB$ 的大小即可对地形是否阻挡做出判断。射线追踪法对每一个时刻都需进行射线方向上的逐点地形进行判断，计算十分耗时。因此，提高计算效率显得尤为重要。地形最大高度角法（Tovar-Pescador et al.，2006）是行之有效的方法之一，即以一定分辨率对各个方向的最大地形高度角进行计算并保存起来，在判断地形是否阻挡时，利用已经存储起来的最大地形高度角对目标方向进行插值，获取目标方向的最大地形高度角，再与目标方向高度角 φ 进行比较。由于不需要每个时刻都对射线方向地形遮挡进行判断，在对光照和通信条件进行累积计算分析时，效率大大提高，这是通过存储空间换取计算时间的做法。因此，射线追踪法和地形最大高度角法的原理是相似的，不同的只是计算效率。

对光照或通信条件进行计算时，需人为设置一些计算参数，如目标方向起算高度角 $\varphi_{\min}$、射线方向追踪范围 $\theta_{\max}$ 等。当太阳高度角小于目标方向起算高度角 $\varphi_{\min}$ 时，这种情况下无法获得太阳光照或进行通信。射线方向追踪范围 $\theta_{\max}$ 也是一个重要参数，关系计算效率和准确性，当 $\theta_{\max}$ 取 $360°$ 时计算结果最为准确，此时即沿着目标方向绕月球计算一周，这显然是不必要的。目前这些参数的设定还没有明确的计算公式，下面给出两个假想极端条件，来合理确定目标方向起算高度角 $\varphi_{\min}$ 和射线方向追踪范围 $\theta_{\max}$。

如图 7.5（a）所示，设 $H_1(OA)$ 为研究区域内最高高程，$H_2(OB)$ 为研究区域内最低高程。设想一种极端的情况，当点 A 恰好被点 B 阻挡时，即 HA 为目标方向，角 α 可由式（7.7）计算。显然若目标方向高度角 φ 小于 α，则目标方向一定会被地形阻挡，角 α 即为目标方向起算高度角 $\varphi_{\min}$，仅当目标方向高度角大于 α，才需进入地形判断过程。

$$\alpha = \arccos\left(\frac{OB}{OA}\right) = \arccos\left(\frac{H_2 + R}{H_1 + R}\right) \tag{7.7}$$

式中：R 为 DEM 的参考半径；H_1 为最高点的高程；H_2 为最低点的高程。

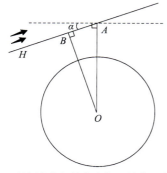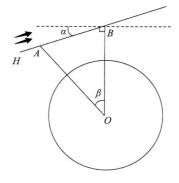

（a）目标方向起算高度角 $\varphi_{\min}$ 计算示意图　　（b）射线方向追踪范围 $\theta_{\max}$ 计算示意图

图 7.5　$\varphi_{\min}$ 与 $\theta_{\max}$ 计算示意图

如图 7.5（b）所示，$H_1(OA)$、$H_2(OB)$ 仍为研究区域内最高高程、最低高程。假想另一种极端情况，目标方向高度角为由式（7.7）计算得到的 α，且目标方向为 AB 的情况下，点 B 恰好被点 A 所阻挡，此时，角 β 可由式（7.8）计算。在这种情况下，若沿射线方向继续追踪，显然不会对 B 点发生阻挡，角 β 即为射线方向追踪范围 $\theta_{\max}$。

$$\beta = \frac{\pi}{2} + \alpha - \arcsin\left[\frac{(H_2 + R) \times \cos\alpha}{H_1 + R}\right] \tag{7.8}$$

式中：R 为 DEM 的参考半径；H_1 为最高点 A 的高程；H_2 为最低点 B 的高程；α 为目标方向起算高度角，可由式（7.7）计算得到。

本章后续示例以嫦娥五号着陆区吕姆克区域为例，使用第 5 章所述的方法，利用 LOLA 卫星测高数据构建该区域分辨率为 1/128° 的 DEM，如图 7.6 所示，其中黑色方框区域为本章光照和通信条件研究的区域，点 A 和点 B 为通信条件待分析点位。根据 DEM 统计得到该区域最大高程为 -1296.52 m，最小高程为 -4050.61 m，根据式（7.7）计算目标方向起算高度角 $\varphi_{\min}$ 为 -3.23°，根据式（7.8）计算射线方向追踪范围 $\theta_{\max}$ 为 7.82°。

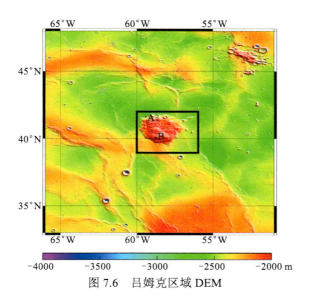

图 7.6　吕姆克区域 DEM

在累积光照分析时，为获得准确的结果，太阳视半径不可忽视。对于给定的时刻和给定的待计算点，太阳视半径角可按式（7.5）计算，记为 r，太阳高度角可按式（7.4）计算，记为 θ，射线追踪方向地形高度角记为 φ。将 φ 分为三种情况考虑：若 $\varphi < \theta - r$，此时未接受光照；若 $\varphi > \theta + r$，此时 k 可接受光照；若 $\theta - r < \varphi < \theta + r$，此时将太阳视为面源，认为能接受角 φ 之上的太阳部分的光照，按下式计算得到接受光照的面积分数：

$$\beta = 1 - \frac{\left[\dfrac{\pi}{2} - \arcsin\left(\dfrac{\varphi - r}{r}\right)\right] r^2 + (\varphi - r)\sqrt{r^2 - (\varphi - r)^2}}{\pi r^2} \quad (7.9)$$

7.1.4　月面光照条件

月面光照条件是分析太阳光照向月球表面的地点与时间。评估月球表面的光照条件能够为月面着陆器的太阳能供应、月球水冰的探索提供重要的依据。

月球表面温度由所吸收的太阳辐射和来自月球内部的热量所决定，但由于月球自身的热惯量非常小，月球白天的温度主要由吸收太阳入射辐射来获取。月球表面没有大气的热传导，白天和夜晚的温差很大，在白天太阳光垂直照射的地方温度高达 127 ℃，太阳不能照射的阴影区和夜晚期间的月球表面温度只有约-183 ℃（欧阳自远，2006）。此外，月球旋转一周大约需要 27.3 天，白天和晚上持续达 14 天。持续的低温和较大的温差对月球着陆巡视设备的能源获取与储备、传感器的选择和保护及月球基地站址的选择提出了挑战。

月球赤道面与黄道面成 1.54°夹角，加上物理天平动在纬度方向的影响（0.04°），纬度为 88.42°以上的区域可以享受长时间的太阳光照（Zuber and Smith，1997）。特别是在南北两极海拔较高的区域，如撞击坑的边缘，往往在整个塑望月内接受充足的阳光照射。但是，由于太阳升起后相对地平线的角度很小，加之复杂地形的影响，在极点附近撞击坑的内部存在永久阴影区和寒冷凹地（极端低温区域）（Li and Milliken，2017；Lucey et al.，2014；Paige et al.，2010；Pieters et al.，2009）。太阳无法照射月球永久阴影区，是水冰可能赋存的区域，成为月面着陆探测的热门地区。

以 0.01°的空间分辨率和 30 min 的时间分辨率，对嫦娥五号着陆区吕姆克区域 2017 年 11 月～2019 年 10 月的累积光照进行计算，计算流程如图 7.7 所示，其中 $\varphi_{\min}$ 为根据式（7.7）及图 7.5（a）假想情况计算的目标方向起算高度角。从图 7.8 累积光照可以发现，大部分区域都有约 53%的较高的光照率，只有撞击坑内和山背面的光照率偏低，最低约为 30%。黄色区域代表光照率中等的区域，这些黄色区域大多分布在山脊两侧，这些山脊阻挡了周围海拔较低的区域，使得这些区域的光照率较低，由于吕姆克区域位于中纬度地区且该区域山脊走向多为南北走向，所以这些中等光照率区域有明显的东西向走势。

图 7.9 中蓝线表示研究中心（40.5°N，302°E）处的太阳高度角在 2019 年 10 月内的变化，可以看出太阳高度角最大可达到 48°，这是因为吕姆克区域位于北半球中纬度。红线表示 2019 年 10 月内吕姆克区域所有计算点接受光照的比率，可以看出，当太阳高度角大于 5°时，99%的区域可接受光照，当太阳高度角达到 21°，剩下 1%的区域也可接受光照，随太阳方向的变化偶尔出现小的波动。

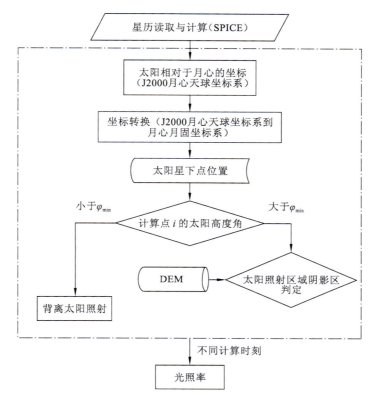

图 7.7 月球光照模型计算流程图

引自郝卫峰等（2012b）

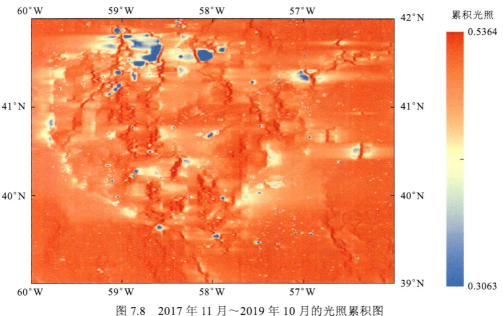

图 7.8 2017 年 11 月～2019 年 10 月的光照累积图

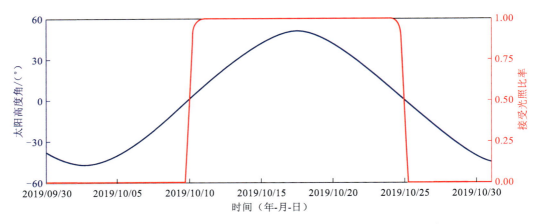

图 7.9 2019 年 10 月（40.5°N，302°E）位置的太阳高度角（蓝线）
和 2019 年 10 月吕姆克区域接受光照的比率（红线）

基于 LOLA 的 240 m 分辨率的极区 DEM 可以对月球极区光照条件进行模拟，图 7.10 红色区域为 150 个较大尺度的永久阴影区范围，其他尺度较小的永久阴影区用浅蓝色标示，并确定了光照率最高的位置，通过计算证明了某些区域略微增加地面高度也能显著地提升光照率（Mazarico et al.，2011）。

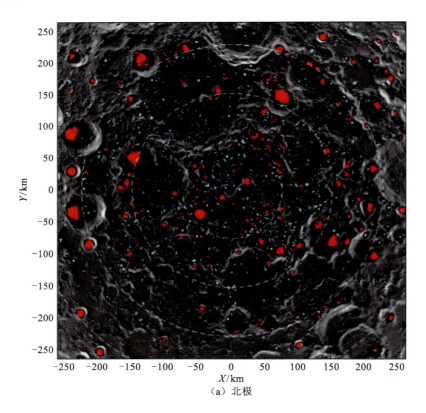

（a）北极

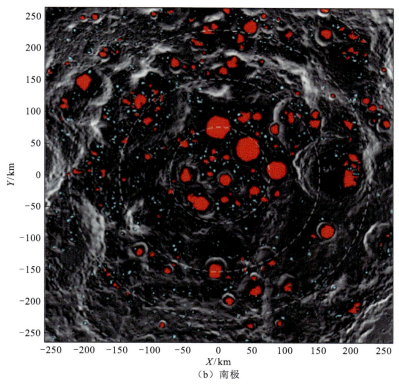

（b）南极

图 7.10　月球两极永久阴影区分布（以极点为中心的球心投影）

修改自 Mazarico 等（2011）

7.2　月球车的地–月通信可达性

在月面巡视探测中，测控系统的正常运行是整个深空探测任务成功的重要保证。一方面，测控系统肩负着传输指令信息、跟踪导航信息、姿态调整等任务；另一方面，需要进行科学数据、图像和文件等数据的传输。而月球车与地面测控站之间的通信可达性是测控系统工作的前提条件。例如，现行对月球车进行线路控制主要采用的技术是自主工作模式，但首先需要接收地面控制台的目的地信息。再如，利用同波束 VLBI 实现月球车精密相对定位，需要月球车与地面测站间实时数据传输，这些都必须保证月球车与地面测站间的通信不受月面地形的影响。

通信的计算与光照类似，将月球车看作一个质点，将月面地形模型与已知的地–月轨道运行参数结合，研究月球车与地面测站之间通信的连通性（可达性）受月面地形的影响，计算流程如图 7.11 所示。

以中国佳木斯、喀什和阿根廷内乌肯观测站对嫦娥五号着陆任务的联合通信能力为例说明地–月通信条件模拟的应用，时间为 2019 年 10 月。

首先计算三个观测站的月球高度角变化，如图 7.12 所示，可以看到高度角峰值约为 60°，地球的自转导致了约 24 h 的短周期变化，月球绕地球公转约 27.5 天的长周期变化。

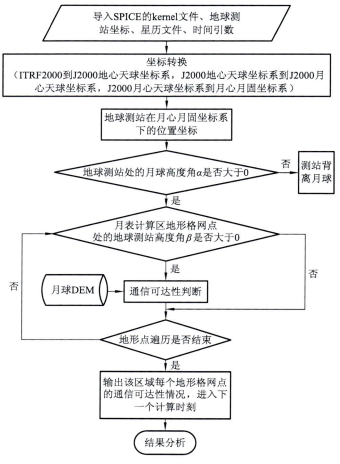

图 7.11　月球车地-月通信可达性计算流程

引自郝卫峰（2012）和郝卫峰等（2012b）

此外，还可以看到位于北半球的佳木斯（红色）和喀什（绿色）两个观测站的高度角变化具有明显的一致性，与位于南半球的阿根廷境内的内乌肯站（蓝色）的高度角变化大致相反。

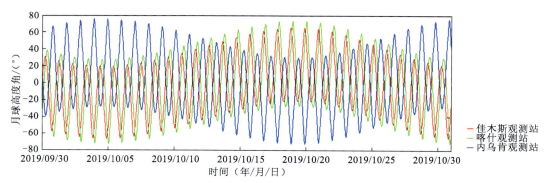

图 7.12　2019 年 10 月中国佳木斯、喀什、内乌肯观测站月球高度角变化

以 0.01° 的地形空间分辨率和 30 min 的时间分辨率，计算 2019 年 10 月吕姆克区域与三个地面观测站的累积通信率。图 7.13 为 2019 年 10 月内乌肯观测累积通信率分布图，

可以看出，由于高度角变化较快，各处的累积通信率差异不大，大部分区域累积通信率均较高（约 50%），仅在撞击坑内和其他少部分区域累积通信率偏低，最低至约 16%，这些低通信率的区域分布与低光照率的区域基本一致。佳木斯站和喀什站的计算结果与内乌肯站大致相同。

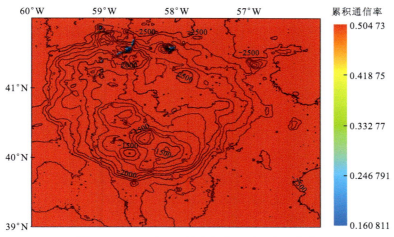

图 7.13　2019 年 10 月内乌肯观测累积通信率

以基于吕姆克山地质演化给出的两个考察点为例（Hao et al.，2019；Zhao et al.，2017），A 点（301.34°E，40.11°N）位于山脚平坦区域，B 点（300.69°E，41.52°N）位于火山穹隆顶部。这两个点的位置比较具有代表性，选取这两个点与三个地面观测站的通信条件进行分析。以 0.01° 的地形空间分辨率和 30 min 的时间分辨率，对这两点与三个观测站的通信情况进行模拟，结果表明 A 点［图 7.14（a）］和 B 点［图 7.14（b）］的通信情况大致相同，可以看出，每个地面观测站每天可保持 9～15 h 的通信可达性，三个观测站同时观测可保持每天 24 h 的全天通信，这说明在地球南半球设立深空跟踪站对提升我国深空卫星观测能力十分重要（郝卫峰 等，2015）。

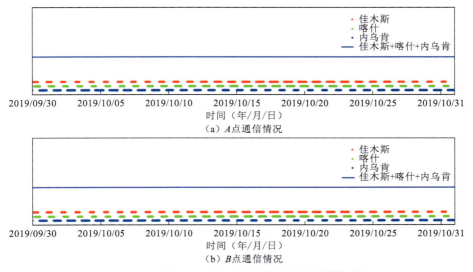

图 7.14　两个着陆区域与三个观测站的通信模拟情况

7.3　月球南极巡视器的路径规划

未来月球探测任务将涉及大量月球巡视器的工作，在任务准备阶段，路径规划是一项非常重要的内容。有效的路径规划可以确保获得最大的科学回报并降低任务的风险，直接关系任务的成败。路径规划有两层含义：首先路径规划的前提是着陆区选址，只有确定了着陆区，才能针对该区域进行详细的规划工作；其次是在着陆区附近寻找具有探测价值的地点，并规划合适的巡视路径。

路径规划任务的实施首先需要在研究区域获取充分的大地测量数据，如准确的地形模型等，因此，月球大地测量是路径规划的可行性与可靠性的基础。进行路径规划时，需要考虑两大约束，分别为科学约束和工程约束。在月球探测任务设计方案中，科学约束与工程约束是方案设计的顶层输入。

科学约束取决于任务的目标，即需要解决什么科学问题或开展什么科学研究。2007年美国国家科学研究委员会（United States National Research Council）提出了 8 个月球探测相关的科学目标，具体如下。

（1）月球独特环境下的太阳系内部撞击历史。

（2）月球内部结构和成分对行星演化基本信息的认知。

（3）月壳岩石的多样性对行星演化关键过程揭示。

（4）月球两极是特殊的环境，验证太阳系历史后期的挥发分通量。

（5）通过月球火山活动探索月球的热演化和成分演化。

（6）在行星尺度上研究撞击过程。

（7）研究无水无气天体风化的过程。

（8）在环境保持原始状态的情况下，月球大气和尘埃环境有关过程。

工程约束则主要考虑任务实施过程是否安全可行，具体如下。

（1）地形条件：着陆区应满足地形平缓，坡度较小，撞击坑比较稀疏，大岩块分布较少。

（2）光照条件：具有良好的光照条件，保障太阳能能源的供应。

（3）对地通信条件：应具有良好的对地通信能力。

（4）任务的轨道设计：利于探测器安全降落月球，对于部分任务还应满足从月球返回地球。

7.3.1　历史上月球探测任务的路径规划

历史上，月球探测任务大致可以分为几个阶段，首先是美苏太空竞争时期（20 世纪 50～70 年代），美国和苏联均开展了多次探月任务，如美国的阿波罗 11 号、12 号、14 号、15 号、16 号和 17 号任务，这 6 次任务均为载人登月任务，其中阿波罗 15 号、16 号和 17 号还配备了月球车。苏联的 Luna-17 任务则成功实现了人类首次无人月面巡视。进入 21 世纪，仅有数次任务涉及路径规划，如 2013 年，中国嫦娥三号任务携带一辆玉兔号月球车；2018 年，中国嫦娥四号任务携带一辆玉兔 2 号月球车；2023 年，印度的月船三号成功着陆在月球南极附近，但其携带的巡视器已经失联；2024 年，日本的 SLIM 任务携带了巡视器，但由于太阳能板功能受限，目前任务处于停滞阶段。除此之外，我国分别于 2020 年和 2024 年发射了嫦娥五号和嫦娥六号探测任务，这两次任务为采样返回任务，未携带巡视器。

图 7.15 显示了 6 次阿波罗载人登月任务的着陆点，可以看出，前三次任务均着陆在月球赤道附近，这是基于安全和风险因素考虑。美国国家航天航空局认为赤道是阿波罗着陆的最佳地点，原因包括：①往返月球的轨道力学和发射窗口更简单；②赤道附近的地势更加平缓；③与极地地区不同，着陆和巡视不需要担心巨大的陨石坑、悬崖或巨石；④赤道着陆点提供了与地球良好的通信条件；⑤赤道地区的白天光照充足，相比极地太阳高度角更高，不易于产生较长的阴影。

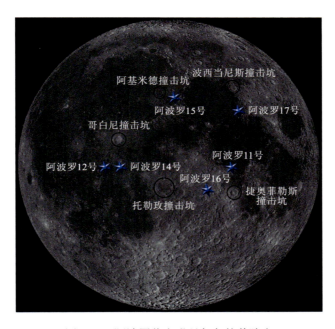

图 7.15　阿波罗载人登月任务的着陆点

阿波罗 11 号：作为首次载人登月任务，该任务的首要关注点是安全，并未进行详细的路径规划。1968 年 2 月 8 日，经过两年的研究，美国国家航空航天局阿波罗选址委员会宣布了该任务的 5 个潜在着陆点，如图 7.16 所示。该委员会首先从最初的 30 个候选地点中选出 5 个 3 mi×5 mi（1 km＝0.621 371 2 mi）大小的着陆区，这些区域均满足宇航员安全相关的标准。为了选择这 5 个区域，该委员会使用了 5 次 Lunar Orbiter 任务在月球轨道拍摄的高分辨率图像及 Surveyor 着陆任务提供的地面数据及图像。该委员会主要根据以下 6 条标准确定候选地点的适宜性。

（1）区域的平滑度：有相对较少的撞击坑。

（2）进场路径：不应有大山丘、高悬崖或深坑，以免导致着陆雷达收到错误的高度信号。

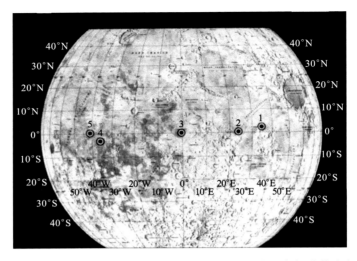

图 7.16 阿波罗选址委员会为阿波罗 11 号选出的 5 个候选着陆点

（3）推进剂：选择的地点应考虑推进剂的消耗最少。

（4）应急返回：着陆点须位于阿波罗飞船可及的自由返回轨道上，即如果前往月球的途中出现问题，该轨道可以保证在没有任何发动机点火的情况下使飞船安全返回地球。

（5）照明条件：为了能在着陆进场期间获得最佳能见度，太阳高度角应在登月舱后方 7°～20°，低于任何着陆点，这导致了每月只有一天的发射窗口。

（6）坡度：着陆区坡度必须小于 2°。

该任务最终选择降落在宁静海的南部，计划着陆点位置坐标为（0°43′53″N，23°38′51″E）。由于任务的导航错误导致真实着陆点为（0°41′15″N，23°26′E）。该区域比较平坦，有明显的北—西北向的射线状物质。登月舱附近的月球表面有许多小型陨石坑，直径从几厘米到几米不等。登月舱西南约 50 m 处有一个双坑，其直径 12 m、宽 6 m、深 1 m，坑的边缘有较为平缓的隆起。登月舱东 50 m 处有一个坑壁陡峭但坑底很浅的陨石坑，其直径 33 m、深 4 m。当出舱活动即将结束时，指挥官曾访问过这个陨石坑。此次任务宇航员出舱时间仅为 2 h 31 min，并且活动范围距离登月舱不超过 60 m。宇航员阿姆斯特朗和奥尔德林收集了 21.6 kg 的样本，并部署了地震仪、激光反射器、月球尘埃探测器和太阳风成分实验仪器。图 7.17 展示了阿波罗 11 号着陆区图像及登月舱和月面仪器的位置。

阿波罗 12 号：与阿波罗 11 号类似，阿波罗 12 号的着陆点选取仍采取保守的策略，最终选择在位于风暴洋西部的着陆点，着陆坐标为（3°33′S，23°17′W）。该任务实现了精确着陆，这为后期探测更困难且更具有科学价值的地点奠定了基础。宇航员康拉德和比恩在月球上待了 31.6 h，并进行了两次舱外活动，用时 7 h 27 min。如图 7.18 所示，第一次出舱活动大部分时间用于部署一系列的实验设备，第二次出舱宇航员回收了在月球环境中暴露了 2.5 年的勘测者 3 号的月球表面采样仪，以评估在月球表面长时间暴露对勘测者 3 号的影响。两次出舱活动共收集了 34 kg 的样本。

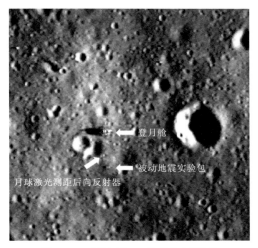

图 7.17　阿波罗 11 号着陆区图像

图 7.18　阿波罗 12 号着陆区图像

阿波罗 14 号：该任务于 1971 年 2 月 5 日降落在毛罗修士高地（Fra Mauro highlands）。这是宣告失败的阿波罗 13 号任务的计划着陆地点。区别于阿波罗 11 号和 12 号任务登陆在月海，阿波罗 14 号首次登陆在月球高地区域，并专注于解决科学目标。该任务计划了两次巡视路线，如图 7.19 所示。

该任务在月面完成了两次出舱活动，用时 9 h 22 min。第一次出舱活动期间，宇航员主要专注于布设不同的设备，包括阿波罗月球表面实验包、月球测距后向反射器和月球便携式磁力计等。为了进行主动地震实验（属于月球表面实验包的一部分），宇航员部署了 3 个地震检波器和震波器（产生地震波的炸药）。第二次出舱活动目标是穿越圆锥形撞击坑的边缘，沿途收集喷射物样本。通过在接近撞击坑边缘时按一定距离收集样本，宇航员构建了一个代表着陆点地层属性的数据集。宇航员最终并没有完全到达撞击坑边缘，起伏的地形使其很难确定所处的位置。此次任务中首次也是唯一一次使用了模块化设备运输车（modular equipment transporter，MET），这是一种负责携带工具和采集样品的轮式手推车，实际的穿越路径如图 7.20 所示。

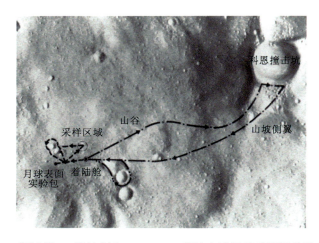

图 7.19　阿波罗 14 号计划在 Fra Mauro 着陆点进行月球巡视的路径规划

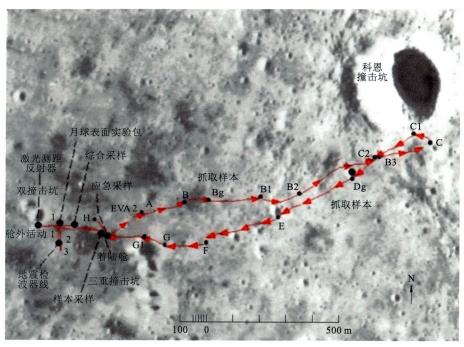

图 7.20　阿波罗 14 号实际的穿越路径

　　阿波罗 15 号：与前期的阿波罗任务相比，阿波罗 15 号对硬件进行了重大调整，其登月舱携带了更多的有效科学载荷，使其在月球表面和月球轨道上停留的时间更长，科学操作也更便捷，也适用于更加复杂的路径。阿波罗 15 号降落在一个多山的地区，位于亚平宁山脉之间并靠近哈德利溪。该任务的主要科学兴趣按区域优先级顺序包括：①亚平宁山脉前缘（the Apennine Front）；②哈德利溪（Hadley Rille）；③部分雨海；④一个位于北部的可能火山区域；⑤次级撞击坑群。哈德利溪是一条月球熔岩管道。亚平宁山脉是雨海撞击盆地边缘的一部分；雨海盆地的直径超过 1100 km，是月球上第二大、最年轻的撞击盆地之一。阿波罗 15 号进行了详细的路径规划，其中包括 3 次月球车巡视路径和 3 次步行路径，路径规划如图 7.21 所示。除了规划出详细的路径，还确定了沿途的停靠点和停靠时间。

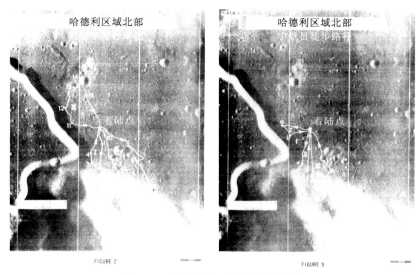

图 7.21　阿波罗 15 号的路径规划

阿波罗 15 号于 1971 年 7 月 26 日发射升空，成功完成了人类第 4 次登月。指挥官大卫·斯科特和登月舱飞行员詹姆斯·欧文将猎鹰号登月舱降落在距计划着陆点 500 m 的地方。斯科特和欧文在月球上共度过了 67 h，进行了 3 次出舱活动，总计 18 h 35 min。第一次出舱活动持续了 6 h 33 min，宇航员驾驶一辆重 210 kg 的车辆，以 13 km/h 的最高速度行驶。其每个轮子都是独立供电且可以单独转向，以实现最大的机动性。月球车大大增加了宇航员的探测距离及可携带的科学设备和样本的数量。在第一次出舱活动的最后阶段，宇航员布设了月球表面实验包，其中包括地震仪、磁力计、测量太阳风的设备及测量月球内部热量的新实验设备。第二次出舱活动耗时 7 h 12 min，宇航员从着陆点向南驶往哈德利山三角洲。第三次出舱活动持续了 4 h 50 min，宇航员首先完成了深层岩心样本的提取，然后驾驶月球车前往着陆点以西的哈德利溪沿线。由于收集深层岩心样本耗费了时间且需要为登月舱返回留出预定的发射时间，取消了北部地区可能的火山地区的探测。实际的穿越路径如图 7.22 所示。

阿波罗 16 号：在选择阿波罗 16 号的着陆点时，最先考虑的是月球高地，目标是更好地了解笛卡儿（Descartes）撞击坑以北的高地地区的地质属性和演化特征。该地区有两个独立的火山特征——凯利平原（Cayley plain）和邻近的笛卡儿山脉地区，其中在两个明亮的射线撞击坑之间有一个较为平坦的凯利平原，登月舱在这个平坦的月面着陆。平原下的岩石构成了凯利地层，这是月球正面高地上最大的单一岩石单元。笛卡儿地层则是出现在高原上并形成了丘陵和山谷，覆盖了月球正面约 4.5% 的面积。笛卡儿地层很可能是由火成岩组成的，这两种地层并未在之前的任务中被采样，阿波罗 16 号宇航员对这两个地层进行了采样，任务的路径规划如图 7.23 所示。

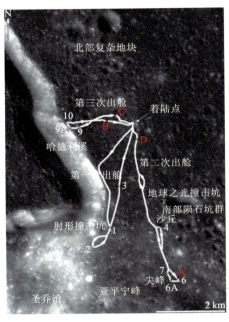

图 7.22　阿波罗 15 号实际的穿越路径

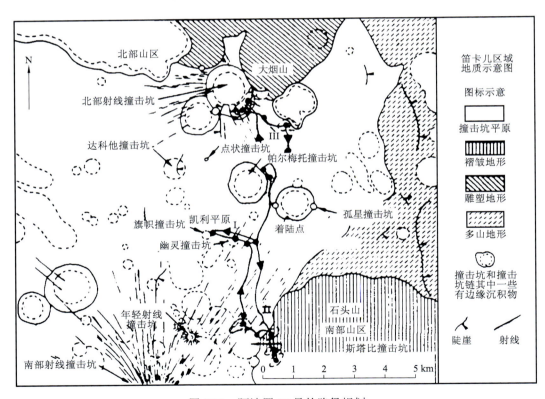

图 7.23　阿波罗 16 号的路径规划

　　宇航员在月表工作了 71 h，进行了 3 次出舱活动，共计 20 h 14 min。其中第一次出舱活动，宇航员布设了月球车和一系列实验设备，包括被动和主动地震仪、热流实验设备、宇宙射线探测器和太阳风成分实验设备，并在登月舱附近安装了远紫外线相机和光谱仪，用于观测特定的天文目标。随后，宇航员将月球车驾驶到着陆点西，在旗帜（Flag）撞击坑和幽灵（Spook）撞击坑收集凯利地层的样本，并使用便携式磁力计进行了 5 次测量，以确定月球磁场随位置的变化特征。此次出舱持续了 7 h 11 min，宇航员对所收集样本分析表明，阿波罗 16 号着陆点没有发现火山物质，实际的穿越路径如图 7.24 所示。

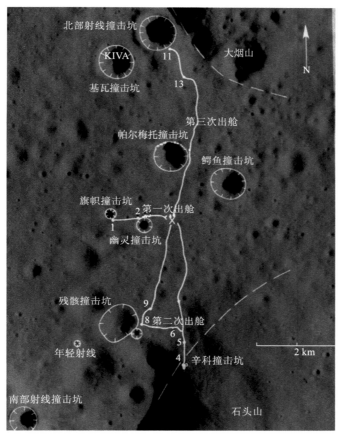

图 7.24　阿波罗 16 号实际的穿越路径

　　阿波罗 17 号：该任务是阿波罗第 6 次也是最后一次载人登月的任务。前几次任务探索了月球的早期火山历史及雨海等大型撞击盆地的作用。阿波罗 17 号收集了远离雨海盆地的古老高地壳层物质，并寻找可能存在的年轻月球火山活动，以增加对月球热演化的了解。在着陆地点选址的最后阶段，提出了 3 个备选地点。第一个备选着陆点位于阿方索撞击坑（Alphonsus crater），原因是从撞击坑边缘可以收集到高地地壳样本。该坑中还存在小型的暗环撞击坑，这被认为是火山喷发的结果，因此可能存在火山物质。然而，有人担心古老的月壳被年轻的沉积物覆盖导致宇航员无法完成实地采样，因此该地点被否定。第二个备选着陆点位于伽桑狄撞击坑（Gassendi crater）。月球高地地壳物质可以在该撞击坑的中央峰附近取样，然而该区域地形相当崎岖并且没有已知的年轻火山活动痕迹，因此该地点也被否定。陶拉斯-利特罗（Taurus-Littrow）是澄海东部边缘的一个狭窄山谷，山谷南北侧山体的样本提供了观察高地地壳岩石的条件，最终着陆点选择在该地区，坐标为（20°09′50″N，30°44′58″E）。阿波罗 17 号共规划了 3 次出舱活动，如图 7.25 所示。

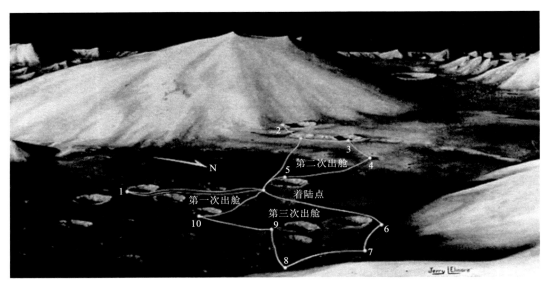

图 7.25　阿波罗 17 号的路径规划

阿波罗 17 号于 1972 年 12 月 6 日美国中部时间晚上 11 时 33 分发射，这是阿波罗计划中唯一一次夜间发射。指挥官尤金·塞尔南和登月舱宇航员哈里森·施密特于 12 月 11 日着陆，距离预定着陆点约 240 m，指挥舱飞行员罗纳德·埃文斯则留在轨道上。赛尔南和施密特在月球上待了 75 h，进行了 3 次出舱活动，共计 22 h 4 min。第一次出舱活动开始于着陆后 4 h，持续了 7 h 12 min。机组人员在登月舱以西 180 m 处设置阿波罗月球表面实验包（ALSEP）。除了之前的几次任务中重复的热流实验，大部分实验都是在阿波罗 17 号上首次开展，包括利用质谱仪测量稀薄月球大气成分、测量撞击月球的微陨石的大小和速度，以及测量广义相对论所预测的重力波。随后，到达着陆点南部斯泰诺撞击坑（Steno crater）附近的 1 号站点，对陶拉斯-利特罗山谷中部的玄武岩取样。在三次出舱活动中，工作人员测量了月球重力变化，并部署了 8 个小型炸药用于月震实验。宇航员离开月球后，炸药被激活，这两项实验都提供了有关山谷底部地壳结构的数据。

第二次出舱活动是阿波罗计划中最长的一次，持续时间为 7 h 37 min，往返距离为 20.4 km。从地质目标的复杂性来说，这是阿波罗系列任务中最复杂的一次出舱活动。2 号站点和 3 号站点位于南部地块底部的滑坡上，坡上的巨石使宇航员能够接触到斜坡上方的月壤。4 号站点和 5 号站点位于谷底，4 号站点在任务前被认为可能是一个火山口。施密特发现了橙色土壤，结果证明它是来自 36 亿年前的火山碎屑。5 号站点是一个直径 600 m 的撞击坑，其边缘的火山喷射物提供了原本位于谷底 100 多米的玄武岩样本。

第三次出舱活动持续了 7 h 15 min，两位宇航员往返行驶了 12 km，主要活动在着陆点的东北部区域。此次出舱活动第一站是 6 号站点，他们到达了比着陆点平原高 80 m

的地方，虽然月球车完成了攀爬，但宇航员发现在北部地块 20° 的陡坡上工作很困难。6 号站点附近的巨石被分散成了几块，总直径约为 25 m。根据其轨迹发现巨石起源于北部地块，向下方滚动了约 500 m。宇航员对巨石进行了取样，在北部地块以东的 7 号站点和雕塑山（Sculptured Hill）底部的 8 号站点获得了额外的巨石样本。9 号站点到达了峡谷底部的范赛格（Van Serg）撞击坑。任务前，此地被认为是一个可能的火山口，事实证明它是一个撞击坑，边缘有许多岩石。在 3 次出舱活动期间，两位宇航员共收集了 110.5 kg 的月球样本，驾驶月球车共行驶了 35.7 km。实际的穿越路径如图 7.26 所示。

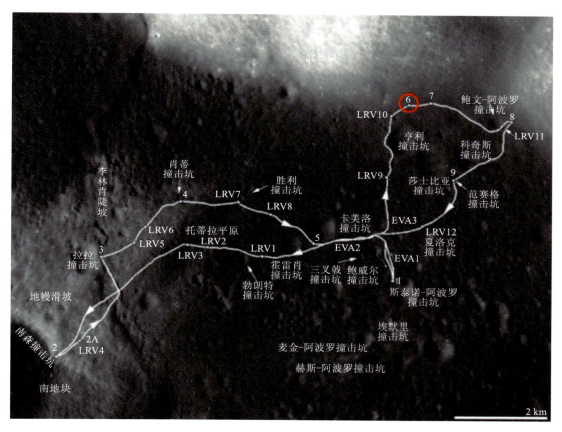

图 7.26 阿波罗 17 号实际的穿越路径

Luna-17 任务：苏联的第一次月球无人巡视任务，也是人类首次成功的无人巡视任务。该任务的探测器于 1970 年 11 月 15 日发射，11 月 17 日着陆。着陆点位于雨海盆地西北部，坐标为（38.24° N，35° W）。该任务主要携带一辆名为月球车 1 号（Lunokhod-1）的月球车。月球车 1 号共工作了 322 个地球日，总里程为 10.54 km。返回了两万余张图像和 206 张高分辨率全景图。月球车搭载了一个激光反射器，用作地月之间的激光反射实验。还携带了 X 射线望远镜，进行天文学研究。同时还携带了 X 射线光谱仪、月壤贯入仪和辐射探测器，这三个仪器主要与月壤测试有关：月壤贯入仪把月壤抽出，并运送给 X 射线光谱仪和辐射探测器分析。月球车的实际穿越路径如图 7.27 所示。

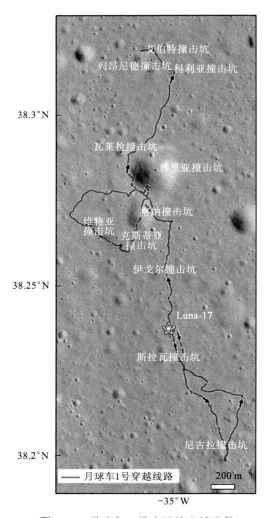

38.3°N

38.25°N

38.2°N

艾伯特撞击坑

列昂尼德撞击坑 科利亚撞击坑

瓦莱拉撞击坑

博里亚撞击坑

格纳撞击坑

维特亚
撞击坑 克斯蒂亚
撞击坑

伊戈尔撞击坑

Luna-17

斯拉瓦撞击坑

尼古拉撞击坑

—— 月球车1号穿越线路   200 m

−35°W

图 7.27　月球车 1 号实际的穿越路径

Luna-21 任务：苏联的第二次外星无人巡视任务，于 1973 年 1 月 16 日着陆，携带了一辆名为月球车 2 号（Lunokhod-2）的月球车。该任务的目标是研究月球表面的地形、地质和形态，特别是月海和高地之间的过渡区域。月球车 2 号和月球车 1 号类似，携带了 X 射线望远镜、辐射探测器和用于大地测量的激光反射器。月球车 2 号累计行驶了 39 km，机载相机系统提供了 90 多张全景图和 80 000 余张导航图像，并进行了 700 多次月壤测试。月球车的实际穿越路径如图 7.28 所示。

嫦娥三号任务：中国在 2013 年执行的一次无人月球探测任务，包括着陆器和月球车两部分，目标为实现在月球表面的软着陆。

该任务于 2013 年 12 月 2 日由长征三号乙运载火箭从西昌卫星发射中心成功发射，12 月 6 日抵达月球轨道，12 月 14 日成功软着陆于月球雨海西北部的虹湾（44.1260° N，19.5014° W）。在月球表面软着陆后，联合开展着陆器的就位探测和月球车的巡视探测。在嫦娥三号配置的多种科学探测仪器中，有三台仪器为国际上首次科学探测，分别是天

图 7.28　月球车 2 号实际的穿越路径

文月基光学望远镜、极紫外相机和测月雷达。除此之外，还配备光谱仪和立体相机。玉兔号月球车已于 2016 年 7 月 31 日晚超额完成任务并停止工作，共在月球上工作了 972 天，行驶距离为 118.9 m，行驶路径如图 7.29 所示。

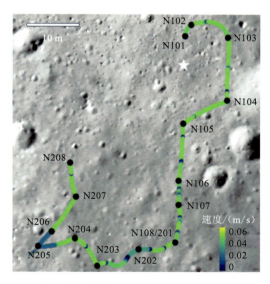

图 7.29　玉兔号月球车从导航点 N101 到 N208 的行驶路径和速度

以"1"开头的导航点代表第一个月球日，以"2"开头的导航点代表第二个月球日

嫦娥四号任务：该任务的工程目标为实现国际首次地月拉格朗日 L2 点的测控及中继通信、实现国际首次月球背面软着陆和巡视探测。科学目标为开展月球背面低频射电天文观测与研究，开展月球背面巡视区形貌、矿物组分及月表浅层结构探测与研究，以及试验性开展月球背面中子辐射剂量和中性原子等月球环境探测研究。

该任务于 2018 年 12 月 8 日由长征三号乙改进 III 型运载火箭发射升空。这是人类首次实现月球背面软着陆和巡视勘察，也是人类首次在月球的高纬度极地着陆，同时也实现了人类首次月背与地球的中继通信。着陆器的着陆时间为 2019 年 1 月 3 日 10 时 26 分，成功在预选的着陆区月球背面南极-艾特肯（SPA）盆地内的冯卡门（von Kármán）撞击坑着陆。着陆器携带的月球车命名为玉兔二号。截至 2023 年 1 月，玉兔二号月球车累计行驶 1455.2 m。嫦娥四号着陆器和玉兔二号月球车已完成第 50 月昼工作，玉兔二号的行驶路径如图 7.30 所示。

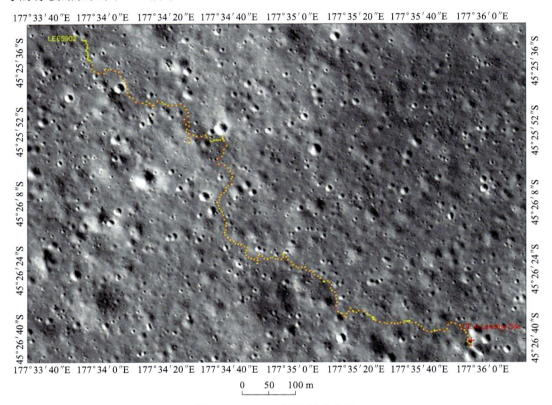

图 7.30　玉兔二号的行驶路径

嫦娥五号任务：嫦娥五号于 2020 年 11 月 24 日在海南省文昌航天发射场发射升空，执行我国首次地外天体采样返回任务。12 月 1 日 23 时 11 分，嫦娥五号探测器成功着陆在位于月球正面风暴洋的吕姆克山脉以北地区（43.06°N，51.92°W）。完成月球表面自动采样任务后，携带 1731 g 月球样品于 12 月 17 日凌晨 1 时 59 分在内蒙古四子王旗着陆场着陆。图 7.31 为 LRO 拍摄的着陆区的卫星图像。

嫦娥六号任务：嫦娥六号是继嫦娥五号后的第二次月球采样返回任务，该任务首次实现人类从月球背面采集月壤样本并将其带回地球。嫦娥六号于 2024 年 5 月 3 日 17 时 27 分发射升空，6 月 2 日 6 时 23 分成功在月球背面南极-艾特肯盆地中的阿波罗盆地着陆，任务持续约 53 天。6 月 25 日，返回器携带月球背面共计 1935.3 g 的月壤样本返回地面，图 7.32 为 LRO 拍摄的着陆区的卫星图像。

图 7.31　美国国家航空航天局的 LRO 拍摄的嫦娥五号着陆器照片

图 7.32　美国国家航空航天局的 LRO 拍摄的嫦娥六号着陆器照片

月船三号任务：月船三号（Chandrayaan-3）是印度第三次登月任务探测器，也是印度第二次尝试登陆月球表面。在这之前，月船二号（Chandrayaan-2）于 2019 年 9 月尝试降落在尘土飞扬的表面，不幸当场坠毁。当地时间 2023 年 7 月 14 日下午，印度发射月船三号月球探测器。当地时间 2023 年 8 月 23 日 18 时 4 分许（北京时间 20 时 34 分许），月船三号月球探测器成功着陆在月球表面。这使得印度成为世界上第四个成功着陆月球的国家，也是首个在月球南极附近登陆的国家。该任务携带一辆月球车，于 9 月 3 日完成两周的实验任务后，进入休眠，并原本预计于 9 月 22 日再度唤醒，但是登陆器和月球车却没有如期唤醒，9 月 28 日，仍未唤醒，使得重新运作希望不大。美国国家航空航天局的 LRO 拍摄的月船三号着陆器照片如图 7.33 所示。

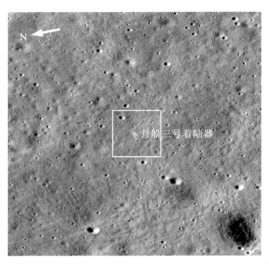

图 7.33　美国国家航空航天局的 LRO 拍摄的月船三号着陆器照片

7.3.2　月球南极大型冷阱的路径规划

对月球南极的巡视探测任务而言，其科学目标主要与水冰相关。具体来说有以下几项：水冰存在与否的证据支持度、水冰的含量、水冰的稳定性、永久阴影区等。同时，月球南极包含月球上最古老、规模最大的南极-艾特肯盆地的边缘区域。对该区域的研究可以揭示月球深部物质组成、内部结构和热流特征等，以及岩浆洋结晶和壳幔分异的机理。

月球南极巡视探测的实施至少需要如下信息作为支撑，即地形、光照、通信等，这些信息主要由大地测量提供。巡视器在地面行驶，受地形的影响很大。南极区域地形条件复杂，存在许多大大小小的撞击坑。目前月球南极的高分辨率 DEM 主要由 LRO 卫星上的激光测高计和遥感影像计算得出，通过 DEM 数据，可以计算出地形坡度、粗糙度、光照和通信条件等。

目前，月球南极巡视器的路径规划工作均考虑科学应用与工程可行性。在选址方面，根据光照条件和地面站能见度，确认了南极 11 个备选着陆点，认为沙克尔顿（Shackleton）连接脊部分的探测条件最佳（Koebel et al.，2012）。根据光照条件，确认了南极 12 个备选着陆点（De Rosa et al.，2012）。根据永久阴影区位置，利用月球表面热和氢丰度，在月球南北极提出了 12 个探测水冰的地点（Lemelin et al.，2014）。为 Luna-25 着陆器任务选择了 11 个候选着陆点，并为其排序，给出了 3 个最优站点的详细特征（Djachkova et al.，2017）。卫星于 2023 年发射并成功进入月球轨道，但随后卫星失联撞向月球。对沙克尔顿陨石坑的壁、边缘和喷出物进行了摄影地质学分析，并确认了两种地质目标（Gawronska et al.，2020）。根据氢丰度和温度条件在南极附近确定了 11 个感兴趣的区域，这些区域可以进行挥发分和地质调查（Flahaut et al.，2020）。对月球南极极区环境，包括温度、地形地貌、光照和测控等条件进行了分析，选择了 4 个区域（沙克尔顿撞击坑、霍沃思撞击坑、舒梅克撞击坑和坎布斯撞击坑）和 10 个着陆点（张熇 等，2020）。

综合来自 65 个永久阴影区 10 个遥感数据集的观测结果表明，挥发分存在，可用于估计水冰沉积物的位置和质量，发现福斯蒂尼（Faustini）、坎布斯（Cabeus）、德·杰拉许（de Gerlache）、舒梅克（Shoemaker）、霍沃思（Haworth）、斯维德鲁普（Sverdrup）、斯莱德（Slater）和阿蒙森（Amundsen）区域可能是资源最丰富的（Brown et al.，2022）。从地形和光照等工程角度考虑选址，通过不同分辨率的数据源，利用"先粗筛后精筛"的策略确定了优选的 5 个着陆区（饶炜 等，2022）。

在具体的路径规划上，针对 NASA 的"资源勘探者"（Resource Prospector）任务（该任务已取消）对 Haworth 地区进行了案例分析，分析了该地区的地形、光照条件、对地通信和氢丰度，并提出了详细的路径方案（Heldmann et al.，2016）。针对沙克尔顿连接脊区域选择了 7 个途经点，并规划了途经点之间的路径（Speyerer et al.，2016），如图 7.34 所示。在 4 个高光照区域之间规划了 4 条路径，并证明了在这些高光照地点之间，沿着预定的路径，可以满足大部分时间被太阳光照射（Mazarico et al.，2023），路径如图 7.35 所示。

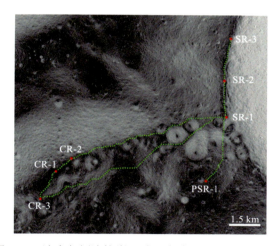

图 7.34　沙克尔顿连接脊区域 7 个途经点的最佳路线图

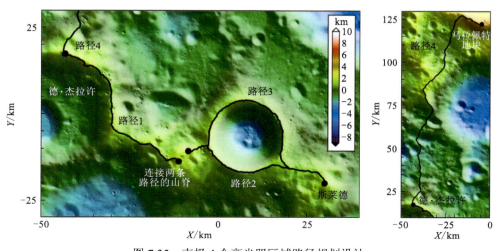

图 7.35　南极 4 个高光照区域路径规划设计

克莱门汀（Clementine）号的双基地雷达实验提供了月球南极水冰存在的第一个证据，中子谱仪和光谱仪等观测收集了更多的证据（Nozette et al.，1996）。最强有力的证据由月球撞击坑观测和传感卫星（LCROSS）给出，它通过观察撞击物进入坎布斯（Cabeus）永久阴影区喷出的羽流，检测到水的质量分数为 5.6%±2.9%。目前所获得的数据都是遥感数据，水冰的储存量是否足够大，是否可以开采仍然是未知的。月球南极表面存在大量持续低温的区域，这些区域具有赋存水冰的能力，因此未来月球南极的探测任务中，需要使巡视器直接进入南极地区的阴影区域，对水冰是否存在进行直接认证并发掘月球冷阱的资源潜力。冷阱是指这些位于永久阴影区内，从未受到太阳直射且表面温度永远低于 110 K 的区域。

月球巡视器探测冷阱面临多重挑战，主要是地形、光照和通信三个方面。月球大地测量及获取的高精度、高分辨率数据是任务实施的基础性支撑。首先，在地形上，这些冷阱大部分位于撞击坑内，相对周边的地形它的地势更低。巡视器探测这些大型冷阱需要克服较大的坡度。其次，巡视器由电驱动，缺乏太阳直射光照使巡视器无法补充太阳能，且无光环境下冷阱的极端低温对设备也构成挑战。最后，冷阱内对地通信困难，需要借助中继卫星。月球南极存在一些面积大于 50 km² 的大型冷阱，巡视器进入这些冷阱需要非常慎重，提前调查冷阱的环境是必要的。因此，月球巡视器探测冷阱分为三步：①目标冷阱位置的确定；②着陆区域筛选；③巡视器路径规划。

1. 目标冷阱位置的确定

依据 Williams 等（2019）和 Hayne 等（2020）提出的标准，在温度低于 110 K 的区域，冰的损失速率小于 10 cm/Ga，因此这些区域被称为冷阱。Williams 等（2019）利用 Diviner 240 m 分辨率的数据发布了月球南极（80°S 至极点）夏季最高温度图。据此，若以大型冷阱探测为研究目标，提取出月球南极夏季最高温度小于 110 K 的区域，并筛选出面积大于 50 km² 的大型冷阱作为目标冷阱，选择的目标冷阱共有 31 个。为每一个目标冷阱进行唯一命名，将目标冷阱所在陨石坑名称作为冷阱名称，未命名的陨石坑采取 UN＋数字命名。所界定的目标冷阱如图 7.36 所示。

2. 着陆区域筛选

根据前文所述，大型冷阱内部不适合着陆和部署基础设施，因此应谨慎地考虑着陆区的选择，着陆区位置的筛选至少有 3 个关键的约束：①着陆点需要有平坦的地形；②着陆点应具有较好的光照条件；③着陆点距离目标冷阱应该尽可能地近。将这 3 项约束应用于所选的 31 个目标冷阱，具体示例如图 7.36 所示。

约束①，着陆区需要有平坦的地形。由于月球南极遍布陨石坑且许多陨石坑内的坡度较为陡峭，应提前选出地形平坦的区域以降低着陆的风险。用地形的坡度来反映地形的平坦度，把着陆区的坡度限定为不超过 5°。利用美国国家航空航天局发布的 20 m 分辨率 DEM 数据，数据范围是 80°S 到极点。将地形数据导入 ArcGIS10.8 中，使用软件自带的空间分析工具计算出地形坡度。过滤出坡度小于 5° 的区域。

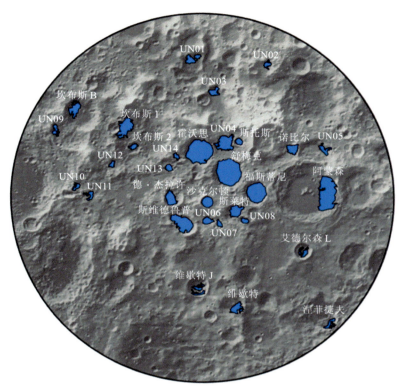

图 7.36　月球南极面积大于 50 km² 的冷阱

约束②，着陆点应具有较好的光照条件。着陆区的光照条件直接影响着陆器及所携带设备的后续工作寿命。使用 Mazarico 等（2011）发布的平均光照地图表征月球表面光照情况。该光照地图基于美国国家航空航天局发布的 LDEM_75S_120M 地形数据并使用 Mazarico 等（2011）提出的视线法计算得出，计算覆盖月球 18.6 年的月球章动周期。结合 7.1.4 小节关于月面光照条件的计算方法，可以分别计算 18.6 年周期中光照大于 30%、40% 和 50% 的区域。当标准是 50% 时，在某些目标冷阱周围可供选择的着陆区较少；当标准是 30% 时，可供选择的着陆区过多。经过对比认为限定着陆点的年平均光照大于 40% 是合理的，这表明过滤出的区域在 18.6 年的月球章动周期中有至少 40% 的时间存在光照。

约束③，着陆区距离目标冷阱应该尽可能地近。根据约束 1 和约束 2，选择同时满足坡度小于 5°，平均光照大于 40% 的区域作为适合着陆的区域。本小节所选的 31 个目标冷阱大部分位于撞击坑内。剩下的一部分位于撞击坑外地形的低洼处，如：UN02、UN04、UN07、UN08、UN10、UN11、UN12 和 UN14。对于位于撞击坑内的冷阱，将着陆区限制在目标冷阱所在的撞击坑边界 10 km 的范围内，撞击坑的边界使用的是 Head 等（2010）的数据，该数据提供了全月球所有大型撞击坑的中心坐标及直径。对于位于撞击坑外的冷阱，以冷阱的中心为圆心，将着陆区限制在距离目标冷阱最外沿 10 km 的范围内。图 7.37 所示为月球南极区域的坡度图、平均光照图及筛选出的适宜着陆区。

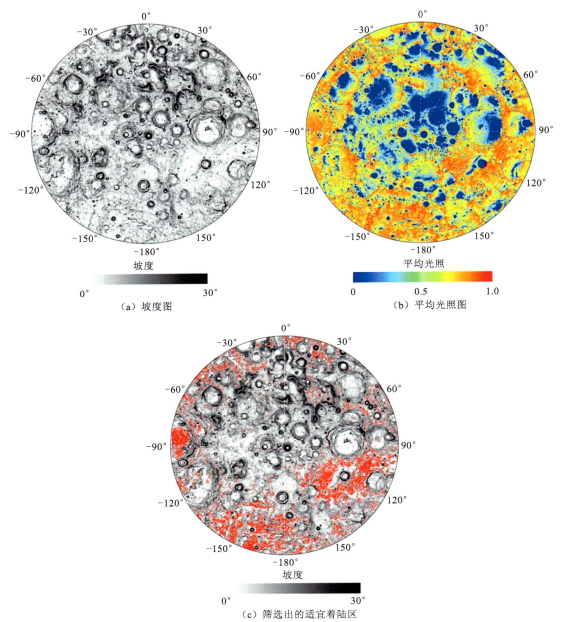

（a）坡度图

（b）平均光照图

（c）筛选出的适宜着陆区

图 7.37　月球南极区域的坡度图、平均光照图及筛选出的适宜着陆区

图（c）中红色表示适宜着陆区

3. 巡视器路径规划

假设月面上存在两个点，将一个点命名为起点，另一个点命名为终点。使用
ArcGIS10.8 路径规划工具得到起点到终点的"最佳"路径。该工具的原理是首先计算地
图上任意一点到终点的成本。考虑影响路径选择的因素主要为坡度，因此将坡度作为成
本。其次，该工具会生成一条起点到终点成本最小的路径，这里使用的坡度数据是根据

20 m 分辨率的 DEM 数据计算得到的。

利用 ArcGIS10.8 中的"创建随机点"工具在着陆区内随机生成 100 个坐标点作为着陆点，为了使所选着陆点分布得更为均匀，设置着陆点之间距离大于 100 m，这样可以保证所选的着陆点均匀地分布在着陆区中。然后，在目标冷阱内陨石坑底的坡度小于 5°的平坦区域随机且均匀地选择 6 个点作为需要探测的目标点。根据前文的方法计算出着陆点到目标点之间的路径。这样可以得到着陆点与目标点之间共 600 条路径。将 31 个冷阱都按照该步骤规划路径。

结果表明，31 个冷阱中有 18 个冷阱的最优路径的坡度小于 15°，存在 8 个目标冷阱最优路径介于 15°~20°，有 4 个目标冷阱的最优坡度介于 20°~30°，分别为 Idel'son L、Stose、UN13 和维歇特 J，仅有 1 个目标冷阱的最优路径坡度大于 30°，为沙克尔顿（Shackleton）。值得注意的是，7 个最优路径坡度介于 15°~20°的目标冷阱，坡度均小于 17°。因此，可以说 31 个目标冷阱有 25 个的最优路径坡度小于 17°，占 81%。即如果巡视器能够克服 17°的坡度，则所选的目标冷阱的 81%巡视器都能抵达。

在阿蒙森（Amundsen）撞击坑中，最佳坡度为 13.9°，而其余路径的最佳坡度最小是 18.18°。这意味着阿蒙森的最佳坡度路径相对于其他路径有着巨大的优势。同时，南极 31 个目标冷阱中有 9 个目标冷阱都具有优势路径。这些路径如图 7.38 所示，路径的坡度见表 7.3。

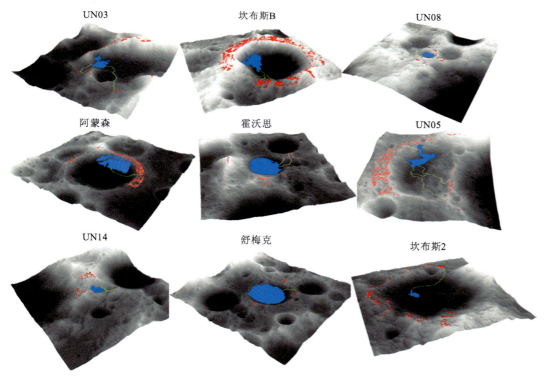

图 7.38　9 个具有优势路径的区域及优势路径（绿色线条）

表 7.3 NASA 发布的南极区域 DEM 的分辨率

冷阱名称	最佳坡度	次佳坡度	坡度差
UN03	11.08/13.42	20.76	9.68/7.34
坎布斯 B	14.26/14.29/15.59	19.70	5.44/5.41/4.11
UN08	13.13/14.71	18.43	5.3/3.72
阿蒙森	13.90	18.18	4.28
霍沃思	16.26/16.41	20.51	4.25/4.1
UN05	15.29/15.65/16.22/16.33	19.22	3.93/3.57/3/2.89
UN14	9.22/9.46/9.70	12.23	3.01/2.77/2.53
舒梅克	15.79	18.22	2.43
坎布斯 2	15.01	17.41	2.4

　　路径规划很大程度上依赖现有的月球数字高程模型（DEM）。随着探测技术的进步和更多高分辨率数据的获取，月球 DEM 精度和分辨率会得到显著提升，此前未被探测到的平缓路径会被重现挖掘，更加细微的地形变化也可能成为新的地形障碍。因此，路径规划是一个动态逐步精化的过程，需要随着对月球表面认知的深入而不断更新。

参 考 文 献

郝卫峰, 2012. 基于嫦娥一号激光测高数据的月球车着陆点选择研究. 武汉: 武汉大学.

郝卫峰, 李斐, 鄢建国, 等, 2012a. 基于"嫦娥一号"激光测高数据的月球极区光照条件研究. 地球物理学报, 55(1): 46-52.

郝卫峰, 叶茂, 李斐, 等, 2012b. 基于嫦娥一号卫星获取的DEM研究月球车通信的可达性. 宇航学报, 33(10): 1453-1459.

郝卫峰, 叶茂, 李斐, 等, 2015. 南极长城站建立深空测控站的可行性. 武汉大学学报(信息科学版), 40(10): 1360-1365.

马高峰, 2005. 地-月参考系及其转换研究. 郑州: 中国人民解放军信息工程大学.

欧阳自远, 2005. 月球科学概论. 北京: 中国宇航出版社.

饶炜, 方越, 彭松, 等, 2022. 月球南极探测着陆区选址方法. 深空探测学报(中英文), 9(6): 571-578.

吴吉贤, 杜海燕, 张耀文, 等, 2008. WGS84与ITRF2000参考框架坐标转换的研究及应用. 测绘科学, 154(5): 64, 73-74.

郗晓宁, 1999. 月球探测器轨道动力学及其设计. 上海: 中国科学院上海天文台.

张皓, 2006. 地球坐标系统与月球坐标系统的转换研究. 武汉: 武汉大学.

张熇, 杜宇, 李飞, 等, 2020. 月球南极探测着陆工程选址建议. 深空探测学报(中英文), 7(3): 232-240.

张薇, 刘林, 2005. 月球物理天平动对环月轨道器运动的影响. 天文学报, 46(2): 196-206.

Brown H M, Boyd A K, Denevi B W, et al., 2022. Resource potential of lunar permanently shadowed regions.

Icarus, 377: 114874.

De Rosa D, Bussey B, Cahill J T, et al., 2012. Characterisation of potential landing sites for the European Space Agency's Lunar Lander project. Planetary and Space Science, 74(1): 224-246.

Djachkova M V, Litvak M L, Mitrofanov I G, et al., 2017. Selection of Luna-25 landing sites in the South Polar Region of the Moon. Solar System Research, 51(3): 185-195.

Flahaut J, Carpenter J, Williams J P, et al., 2020. Regions of interest (ROI) for future exploration missions to the lunar South Pole. Planetary and Space Science, 180: 104750.

Gawronska A J, Barrett N, Boazman S J, et al., 2020. Geologic context and potential EVA targets at the lunar south pole. Advances in Space Research, 66(6): 1247-1264.

Hao W F, Zhu C, Li F, et al., 2019. Illumination and communication conditions at the Mons Rümker region based on the improved Lunar Orbiter Laser Altimeter data. Planetary and Space Science, 168(3): 73-82.

Hayne P O, Aharonson O, Schörghofer N, 2020. Micro cold traps on the Moon. Nat Astron, 5: 169-175.

Head J W, Fassett C I, Kadish S J, et al., 2010. Global distribution of large lunar craters: Implications for resurfacing and impactor populations. Science, 329(5998): 1504-1507.

Heldmann J L, Colaprete A, Elphic R C, et al., 2016. Site selection and traverse planning to support a lunar polar rover mission: A case study at Haworth Crater. Acta Astronautica, 127: 308-320.

Koebel D, Bonerba M, Behrenwaldt D, et al., 2012. Analysis of landing site attributes for future missions targeting the rim of the lunar South Pole Aitken basin. Acta Astronautica, 80: 197-215.

Li S, Milliken R E, 2017. Water on the surface of the moon as seen by the moon mineralogy mapper: Distribution, abundance, and origins. Science advances, 3(9): e1701471.

Lucey P G, Neumann G A, Riner M A, et al., 2014. The global albedo of the Moon at 1064 nm from LOLA. Journal of Geophysical Research: Planets, 119(7): 1665-1679.

Lemelin M, Blair D M, Roberts C E, et al., 2014. High-priority lunar landing sites for in situ and sample return studies of polar volatiles. Planetary and Space Science, 101: 149-161.

Mazarico E, Barker M K, Jagge A M, et al., 2023. Sunlit pathways between south pole sites of interest for lunar exploration. Acta Astronautica, 204: 49-57.

Mazarico E, Neumann G A, Smith D E, et al., 2011. Illumination conditions of the lunar polar regions using LOLA topography. Icarus, 211(2): 1066-1081.

Nozette S, Lichtenberg C L, Spudis P, et al., 1996. The Clementine bistatic radar experiment. Science, 274(5292): 1495-1498.

Paige D A, Siegler M A, Zhang J A, et al., 2010. Diviner lunar radiometer observations of cold traps in the Moon's south polar region. Science, 330(6003): 479-482.

Pieters C M, Goswami J N, Clark R N, et al., 2009. Character and spatial distribution of OH/H_2O on the surface of the Moon seen by M3 on Chandrayaan-1. Science, 326(5952): 568-572.

Rao W, Fang Y, Peng S, et al., 2022. Landing site selection method of lunar south pole region. Journal of Deep Space Exploration, 9(6): 571-578.

Speyerer E J, Lawrence S J, Stopar J D, et al., 2016. Optimized traverse planning for future polar prospectors based on lunar topography. Icarus, 273: 337-345.

Tovar-Pescador J, Pozo-Vázquez, Ruiz-Arias J A, et al., 2006. On the use of the digital elevation model to estimate the solar radiation in areas of complex topography. Meteorological Applications, 13(3): 279-287.

Williams J P, Greenhagen B T, Paige D A, et al., 2019. Seasonal polar temperatures on the moon. Journal of Geophysical Research: Planets, 124(10): 2505-2521.

Zuber M T, Smith D E, 1997. Topography of the lunar south polar region: Implications for the size and location of permanently shaded areas. Geophysical Research Letters, 24(17): 2183-2186.